JN078399

Birch

カバノキの文化誌

アンナ・ルウィントン 著
Anna Lewington

野村真依子 訳

花と木の図書館

原書房

［……］は訳者による注記である。

春のシダレカンバ（学名 B.pendula）。イングランド、ドーセット州。

序章　万能の樹木

優美で美しく、豊かな歴史を背負い、この上なく有益なカバノキ。自然環境を形づくるうえでも、世界中の人々の物質文化と信仰を形成するうえでも大きな役割を果たしてきたが、その重要性はあまり認められていない。北半球の冷涼な地域でよく見られるカバノキは、世界でもとくに見分けやすい樹木に違いない。種によっては優美な形、繊細な枝葉、手触りがよく人目を引く樹皮のおかげで広く知られ、好まれている。たとえば枝先が垂れていることで有名なヨーロッパのシダレカンバ（学名 Betula pendula）、樹皮が真っ白なヒマラヤカンバ、あるいは北アメリカの大西洋岸から太平洋岸にかけて分布するアメリカシラカンバ（学名 B. papyrifera）などがそうである。

数十万年前から、カバノキは氷床をたくみに避け、小さな種子を風で運ぶことによって新たな環境に進出してきた。開けた土地にすばやく定着し、先導役としてほかの樹木のために土壌を整え、その広大な分布域における風景を形づくってきたのである。カバノキはさまざまな点で「最も」がつく木である。西ヨーロッパの最北の地域で育つ種であり、先史時代に氷河の後退に続いて最初に定着した種だった。[1] 25万年以上前に人類の祖先であるネアンデルタール人がつくったと考えられているバーチタールの塊は、史上初の合成製品と言えるものであり、世界最古の文書の中にはカバノキの樹皮に書かれたものがある。[2]

長い年月を経て、カバノキは人類にとって大いに役立つ原材料の宝庫となった。北の森に暮らす人々は、この重宝な木の枝葉、樹皮、木材、樹液などあらゆる部分から生存に必要な道具を手に入れただけではない。実生活においても信仰においても、高度に洗練された方法で、自分たちのアイデンティティを深め、表現できるようになったのである。丈夫で軽く、柔軟で防水性に優れた樹皮はとりわけ多くの用途で使い勝手がよく、住居、輸送手段、食料、衣服、靴、楽器、薬の原材料になっただけでなく、聖なる信仰を伝え、記録する手段にも使用された。かつて樹皮が主要な輸出品だったスカンジナビア諸国には、勘定や税金を樹皮で払える地域もあった。北アメリカ北部では、カバノキの樹皮が暮らしのあり方を決めた。カバノキの樹皮できっちりとつくられたカヌーは移動性に優れていたため、商人や毛皮専門の猟師はこのカヌーで、アメリカ先住民の知識や技能を活用して長距離を移動した。先住民の生活技能に詳しいある専門家は次のように述べた。「カバノキの樹皮でつくったカヌーがカナダを建国したと言えるほどだった」[3]

カバノキから得られる資源は、森から遠く離れた私たちの生活に恩恵をもたらしている。たとえば、いまや健康飲料として世界中で手に入るバーチウォーター、砂糖を使わずキシリトールで甘みをつけた年間販売額が数億ドルのチューインガム、カバノキの合板の家具、葉のエキスを配合したシャンプーなどがある。カバノキは昔から民間療法で利用されており、そのさまざまな有効成分を

シダレカンバの一品種、オルネスバーチ（学名 B. pendula ‘Dalecarlica’）に特徴的なギザギザの葉。

めぐって現在行われている研究から、将来的には深刻な疾患の治療に役立つ効果的な新薬が生まれるかもしれない。

シダレカンバはフィンランド、スウェーデン、ロシアの国樹として、アイデンティティの重要なシンボルであり、国の誇りである。ロシアの女帝エカテリーナ2世（1729～1796年）の死後まもなく、モスクワまでの数千キロを結ぶシベリア横断道路の再建工事に従事していたウラル地域の農民は、そのうち160キロの区間にカバノキを街路樹として植え、手入れをするよう命令を受けた。もっとも、この木は国の象徴だっただけではなく、実用性も兼ね備えていた。銀色に光る幹のおかげで、夜間にこの寂しい街道を通る馬車は道を踏み外さないですんだからである。[4] 今日のロシアでは、カバノキは祖国と伝統を力強く象徴する存在であり、純粋さと光の表現でもある。

スウェーデンの国樹は葉に深い切り込みが入ったシダレカンバの一品種（学名 Betula pendula 'Dalecarlica'）で、オルネスバーチ（スウェーデン語でオルネスビョルク）とも呼ばれる。大元となる木は1767年にスウェーデン中部のボルレンゲに近いリッラ・オルネスの農場で発見された。[5] 1985年に国樹に制定され、いまではこの親木から挿し木をした多くのオルネスバーチ（枝先だけが垂れ下がる大きな樹冠が特徴）がスウェーデン各地の町に植えられている。

スウェーデン北部の文化的中心地であり、2014年の欧州文化首都となった都市ウメオには、「ビョルカルナスシュタッド（白樺の町）」というもうひとつの名前がある。この名の由来は、大火で町のかなりの部分が焼失した1888年にさかのぼる。火災のあと、同じような災害が再発した場合の防火帯とするべく新設された大通り沿いに、多数のカバノキが植えられたのである。一方、

夏至祭で、伝統衣装に身を包んだ町の人々がカバノキの葉を飾ったリースを運ぶ。スウェーデン、レクサンド。

ランカスターで実験の一環として家の外に置かれたシダレカンバ。車の往来によって生じる粒子状物質を半分以上吸収できることが示された。

アメリカのニューハンプシャー州では、州内各地に見られ、「ニューハンプシャーらしい風景の一部」とみなされているアメリカシラカンバが、1947年に州の木に制定された。[6] ニューハンプシャー州が発行した小冊子『ニューハンプシャー・トルバドール *New Hampshire Troubadour*』の中では、この木は「森の女王」とも呼ばれている。ユーラシア大陸にはシラカンバを女性らしさや優雅さと結びつけてきた長い歴史があるためで、こうした結びつきは何百年も前から文学や美術に繰り返し取り上げられてきた。

古代の象徴体系に由来する慣習は現在でも続いている。スカンジナビア半島を含むヨーロッパやロシアの一部地域では、春と夏の訪れを祝うときにいまでもカバノキを用いる。青々と葉が茂る枝——古代より新たな成長と豊穣のシンボルで、霊界ともかかわりがある——でメイポール［五月祭の中心として草木やリボンで飾った柱］を飾ったり、人や動物、建物その他を飾るガーランド［草花を編んだ花輪や花綱］を仕立てたりするのである。ノルウェーには夏至の日にヨットや帆船にもガーランドを飾る地域がある。イギリスでは、カバノキがかつてそこにあったことや大きな意味を持っていたことが、バーカムステッド（Berkhampstead）、バーケンヘッド（Birkenhead)、バークホール（Birkhall）といった地名に残り、サマセット州のある教会――フルームの洗礼者聖ヨハネ教会――はいまでも聖霊降臨祭にカバノキの枝で飾られる。シダレカンバやヨーロッパダケカンバ（学名B. pubescens）はイギリスの人の手が入らない森林や荒野でよく見られるが、現在ではアジアやアメリカ原産の種を販売用に交配・栽培した種が人気を集め、各地の町や庭園、公園に観賞樹として植えられている。

カバノキの木立をのんびり散歩するだけでもストレス解消になりそうだが、都市部でもよく育ち、中央ヨーロッパの樹木の中では「最もオゾン耐性に優れている」シダレカンバは、リラックス効果以上に思いがけない形で私たちの役に立っている。[7] 最近の調査によって、街路樹として植えられたカバノキは、車両の往来で生じた有害物質を含む微粒子状の粉塵を50パーセント以上吸収できることが明らかになった。[8] ランカスターで一時的にシダレカンバの若木を住宅前の歩道に並べ、屋内に入り込んだ粒子状物質の濃度を測定して植木のない住宅内で検知された濃度と比較したところ、この木の葉のつくりは、汚染を除去し、空気を清浄にするうえで非常に効果的だとわかった。詳しい調査の結果、木の葉は表面の繊毛と畝に汚染粒子を閉じ込められることが明らかになった。カバノキの枝葉の「開いた」配置は、それが生む繊細な姿とまだらな影で昔から画家や作家の心をとらえてきたが、同時に汚染物質を除去し、葉の間で空気を循環させるのにも役立つ。実用的かつ詩的なカバノキは、あらゆる人に恩恵をもたらすのである。

第1章　カバノキの自然史

カバノキは、カバノキ科（学名 Betulaceae）に属するカバノキ属（学名 Betula）の仲間である。カバノキ科にはハシバミ属（学名 Corylus）とクマシデ属（学名 Carpinus）、そしてカバノキに最も近いハンノキ属（学名 Alnus）も含まれ、いずれも花を咲かせる。カバノキの分布範囲は広い。イギリスとスカンジナビア半島から、ロシア北部とシベリアと中国北部を経て、カナダの大部分を含む北アメリカまで、北半球の冷涼な地域全体に円を描くように分布している。

カバノキは、モロッコ北部、タイ、フロリダ州より南では見られないが、その一方で、適応能力の高いカバノキ属は北極圏の凍てつくツンドラ地帯にまで広がっている。カバノキは海抜ゼロ地帯でも、アルプスや北アメリカ、ヒマラヤ山脈一帯や中国西部の山脈、日本の山地など、標高の高い山間の谷でも繁茂する。またシベリア東部と朝鮮半島の温帯雨林にも、ヒマラヤ山麓の温暖な渓谷にも、ネパールからベトナムまで延びる亜熱帯林にも見られる。[1] この地域に育つセイナンカバ（学名 B. alnoides、ヒマラヤ周辺に分布するカバノキの一種）は高さが約30メートルにもなるのに対し、数千キロ離れた北極の過酷な気候条件に適応したヒメカンバ（学名B. nana）という種は、高さ1メートル足らずの小低木である。

カバノキほど形が多彩な樹木種は少ない。幹には細いものも太いものも、単幹も株立ちもある。樹冠には幅の狭いものも大きく広がるものもある。葉の大きさや形、色や質感もさまざまで、シダレカンバ（学名B. pendula）の三角形で重鋸歯状の輪郭を描く葉から、ヒメカンバの円鋸歯状の輪郭を持つ、ほとんど円形や腎臓形の葉まで多岐にわたる。ヨーロッパダケカンバ（学名B. pubescens）が春になるとつける透明感のあるグリーンの葉は、シセンシラカンバ（学名B. szechuanica）という中国南西部とチベット南東部に分布するシダレカンバの亜種がつける濃いダークグリーンの革のような葉とは対照的である。世界各地の特定の土地と環境条件に適応した結果、カバノキの見た目は異なる種の間だけでなく、同じ種の特定の個体群の間でも大きく異なっている。北アメリカ各地に分布し、海洋性気候にもロッキー山脈の大陸性気候にも適応しているアメリカシラカンバ（学名B. papyrifera）はその好例である。葉は大きいものも小さいものもあり、成木の樹皮は白い場合も褐色の場合もある。小枝や若枝は産毛に覆われていることもあれば、産毛がなく樹脂の「こぶ」がついていることもある。

このように統一性を欠くせいで、カバノキの種の同定と命名は特別に難しく、いまだに終わっていない。種の推定数は数え方によって大きく異なる。カバノキは交配が容易で、とくに栽培種として多数の交配種が存在することが混乱に拍車をかけ、多くの木が誤って命名されたり重複して命名されたりしている。イギリスのヘレフォードシャーにあるハージェスト・クロフト・ガーデンズの

秋のカバノキ。

モロッコ南部スス＝マサ＝ドラアのジュベル・サジェロ山岳地帯に生えているシダレカンバ（学名 B. pendula）。

ローレンス・バンクスは、アッシュバーナーとマカリスターの『カバノキ属――カバノキの再分類 *The Genus Betula: A Taxonomic Revision of Birches*』に寄せた序文で、「カバノキを正しく同定するのは昔から困難なこと」であり、「知見は今後も改まっていくため、どの属についても変更のない決定的な説明というものはありえない」と述べている。しかし、この権威ある著作が出版されたことで、「カバノキ属（Betula）のすべての種が首尾一貫した形で分類された。これはかつてなかったことである」[2]。ふたりの著者は、いろいろな場面でカバノキにつけられてきた９００以上の種名と亜種名の膨大なリストから、現時点で存在すると考えられる「40～50種のカバノキ」を取り上げ、「46種を承認している」。

同書の説明によれば、関係が近いと思われていた種を大きく3つにまとめた分類は、長きにわたった再分類の試みを通して「おおよそ一貫していた」。この3グループは、樹皮が白いシラカンバ、中国・ヒマラヤ地域と日本の温帯林から亜熱帯林にかけて分布するカバノキ、北国のツンドラと泥炭湿地に見られるヒメカンバである。アッシュバーナーとマカリスターは、労を惜しまない詳細な分析と再評価の結果、カバノキ属（学名Betula）を4つの亜属に分け、さらに8つの「セクション」に分割して、そこに新たに定義されたさまざまな種と亜種を割り当てた。わかりやすいところでは、樹皮が白いシラカンバが、樹皮が白くない――おおまかに言うと褐色か色の濃い樹皮を持つと記述される――種と、7種のヒメカンバのグループを含む「約30の」種から切り離された。

しかし、とくに複雑で分類が難しかったのはシラカンバである。シダレカンバ、ヒメカンバ、アメリカシラカンバ、ヒマラヤカンバ（学名B. utilis）などの一般的な種は、地理的に広い範囲にわ

ツンドラで霜と雪に覆われたヨーロッパダケカンバ（学名 B. pubescens）と思われるカバノキ。ロシア北西部のムルマンスク州ロヴォゼロ近郊。

セイナンカバ（学名 B. alnoides）。インド北部、ネパール、ミャンマー、中国南部、タイ、ラオス、ベトナムの亜熱帯・熱帯雨林原産の種。

たって途切れることなく分布し、それぞれの種の分布域の両端では木の見た目がかなり違う。このような違いは、はっきりと別の種に分けられるほどの大きな分化や見た目の差を伴うことなく、微妙な差が積み重なった結果として現れているために、とくに厄介だった。[3]さらにややこしいことに、ツンドラ地帯のヒメカンバとシラカンバとの間には雑種が生じていることもあった。

自生環境にあるこれらの樹種は、「後退する氷河と氷床を追うようにできている」成長の早いパイオニアツリー（先駆性樹種）である。[4]開けた土地にうまく定着する――北国の広大な針葉樹林の隙間をすばやく埋め、凍りついたツンドラ地帯へと進出するとともに、南の落葉広葉樹林にも拡大する――ため、風景の邪魔になる「雑草のような」樹木とみなされるようになってしまった。[5]都市環境では、

ツンドラ地帯に生えるヒメカンバ（学名 B. glandulosa）とヤナギ（学名 Salix spp.）。カナダ、ノースウェスト準州中部バレンランド。

こう呼ばれる理由もよくわかる。（水分の多い土壌でも育つとはいえ）養分の乏しい軽量な砂地を好むことと、比較的乾燥に強く根が浅いことから、カバノキ（とくにシダレカンバとヨーロッパダケカンバ）は、見捨てられた工業用地や鉄道の盛り土、採石場などの荒れ地や放棄された土地でも、密生して繁茂できる。

ジョン・イヴリンは樹木に関する網羅的な論文、『樹林 *Sylva*』（初版1664年）で、カバノキについて次のように述べている。

乾燥した土壌でも湿った土壌でも、つまり砂地や石の多い土地でも、沼地や湿原でも繁茂する。森林の中でもほとんど草が生えないぬかるんだ湿地では、標高が高かろうと低かろうと、多くの場合は自然に増え、その成長を妨げるものはない。[6]

ネパール中西部プラノ・ムグに近いヒマラヤの渓谷に見られるカバノキの林。

さまざまな土壌と環境への耐性、成長の速さ（植林の効果が早く得られ、防風林を形成できる）、成木のほどよい大きさ、樹皮の美しさ、影が暗くならない比較的開いた樹冠のために、カバノキは中規模の庭園や都市部の公共スペースにとって理想的な樹木と位置づけられている。春の優美な枝葉と秋の鮮やかな色彩も、その魅力の重要な一面である。ただし、一般に栽培されているのはシラカンバの一部の種（主にシダレカンバ、アメリカシラカンバ、ハイイロカンバ〔学名B. populifolia〕、ヒマラヤカンバ〔学名B. utilis〕）のみである。

田舎へ行くと、「イギリスの風景で最も存在感のある要素」はシダレカンバとその近縁種であるヨーロッパダケカンバだという意見もあるが、シダレカンバの分布域はイギリスの外にも大きく広がっている。[7]自生環境では、ヨーロッパ北部とアジアから日本、北アメリカ西部の寒

ドイツ、オーバーバイエルンの湿地に生えるカバノキ。水分が常に多い条件を好む種が多い。

初秋のシダレカンバ（学名 B. pendula）の垂れ下がった特徴的な枝。

帯全域にほぼ途切れることなく分布している。このように分布域が広大なために生じた見た目の違いから、シダレカンバは3つの亜種に分類される。[8] ヨーロッパ全域と中央アジアに分布するひとつの亜種はpendulaで（かつて、若枝と小枝に発達する粘着性のこぶのような腺にちなんでB. verrucosaと命名されていたもの）、ヨーロッパシラカンバまたは「垂れ下がった」枝そのままにシダレカンバと呼ばれる。この点がヨーロッパシラカンバの特徴である。これほど枝が優雅に垂れ下がる、とりわけ老木で垂直に垂れ下

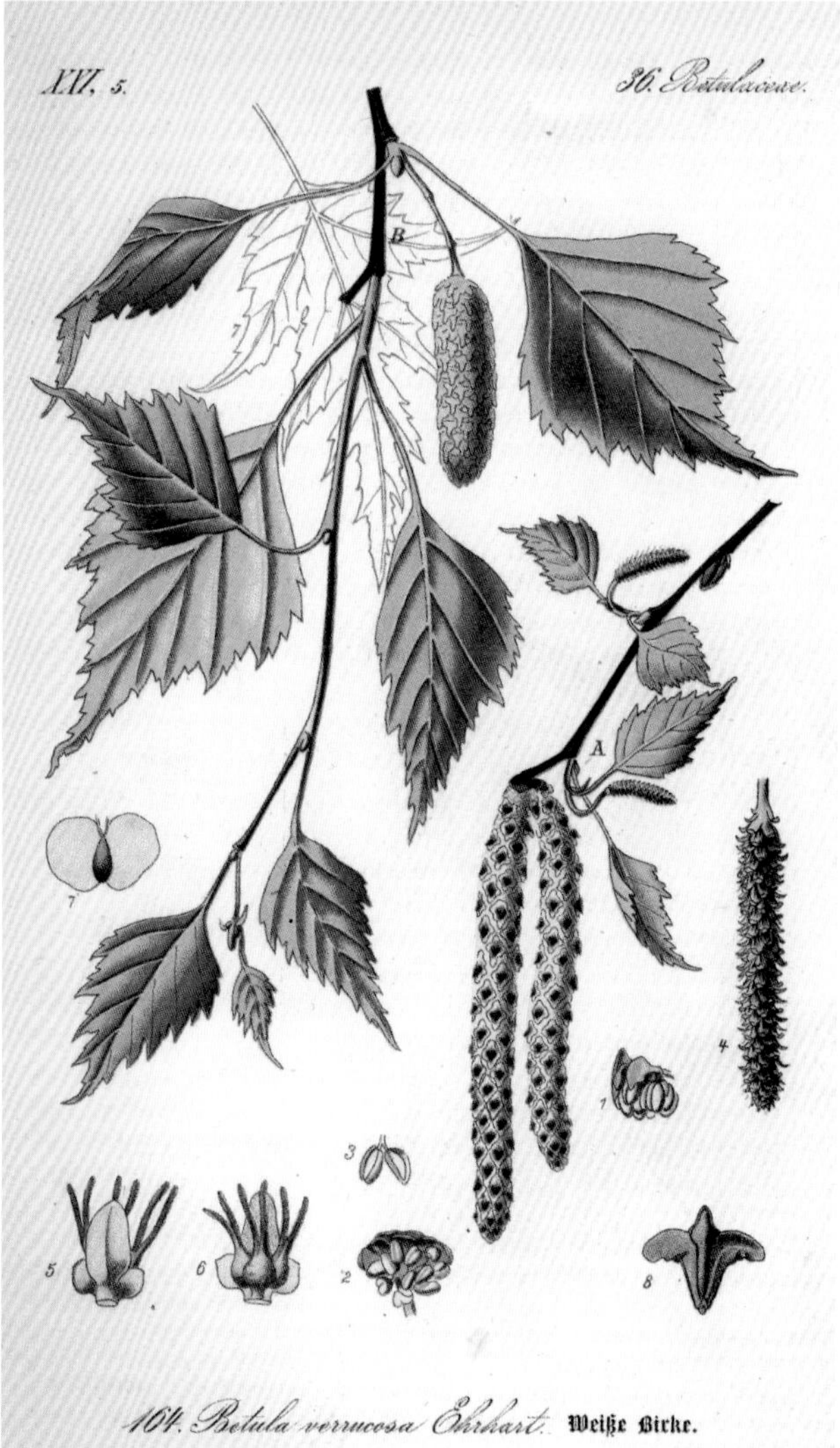

シダレカンバ（学名 B. pendula）を描いたドイツの古い絵。かつて B. verrucosa と分類されていたもので、一般には「シラカンバ」と呼ばれていた。

がる種はほかになく、夏のそよ風に揺れる茎の長い葉とも合わせ、優美な木としてこれほど愛されているのも不思議ではない。現在までに交配によってさまざまな栽培品種がつくられ、変わった葉の色や極端に垂れ下がる枝が選ばれてきた。北ヨーロッパには数多く自生し、印象的な木立を形成するとともに、森林の隙間を埋めるありふれた樹木となっている。またドイツのリューネブルガーハイデなど、ヒースの生えた砂地の荒れ地で存在感を放つ樹種でもある。ここのように人の手が入っている分布域でシダレカンバを放っておくと、やがてその影でヒース（学名 Calluna vulgaris）を弱らせ、駆逐してしまう。[9]

とはいえ、ヨーロッパと西アジアに最も多く分布するカバノキは、ヨーロッパダケカンバである（リンネが『植物種誌 *Species Plantarum*』〔１７５３年〕にシダレカンバと合わせて B. alba と記述したもの）。シダレカンバほど南では見られないものの、分布域は重なっており、むしろ冷涼で湿った環境によく耐え、西ヨーロッパの樹木の中では最も北へ進出している。[10] 実際、ノルウェーのノードキン半島にある北緯71度のオクセヴォーグでは、カバノキが「主体」だと言われる、高さ６メートルに及ぶ小さな木立が「ヨーロッパ最北の林」とされてきた。[11] これほど多様な環境で生き延びるよう進化したため、ヨーロッパダケカンバの見た目は地域によってさまざまな形を取る。条件が適していれば20メートルまで伸びるが、過酷を極める環境では１メートル足らずにしかならない。ただし、若枝と小枝と葉がびっしりと細い産毛で覆われ、ベルベットのような肌ざわりである点が共通しており、そのために学名が pubescens〔「細軟毛がある」の意〕となっている。一部のグループでは萌え出たばかりの小さな葉が芳しい香りを放ち、とくに夏に雨が降ったあとはかなり遠くまで

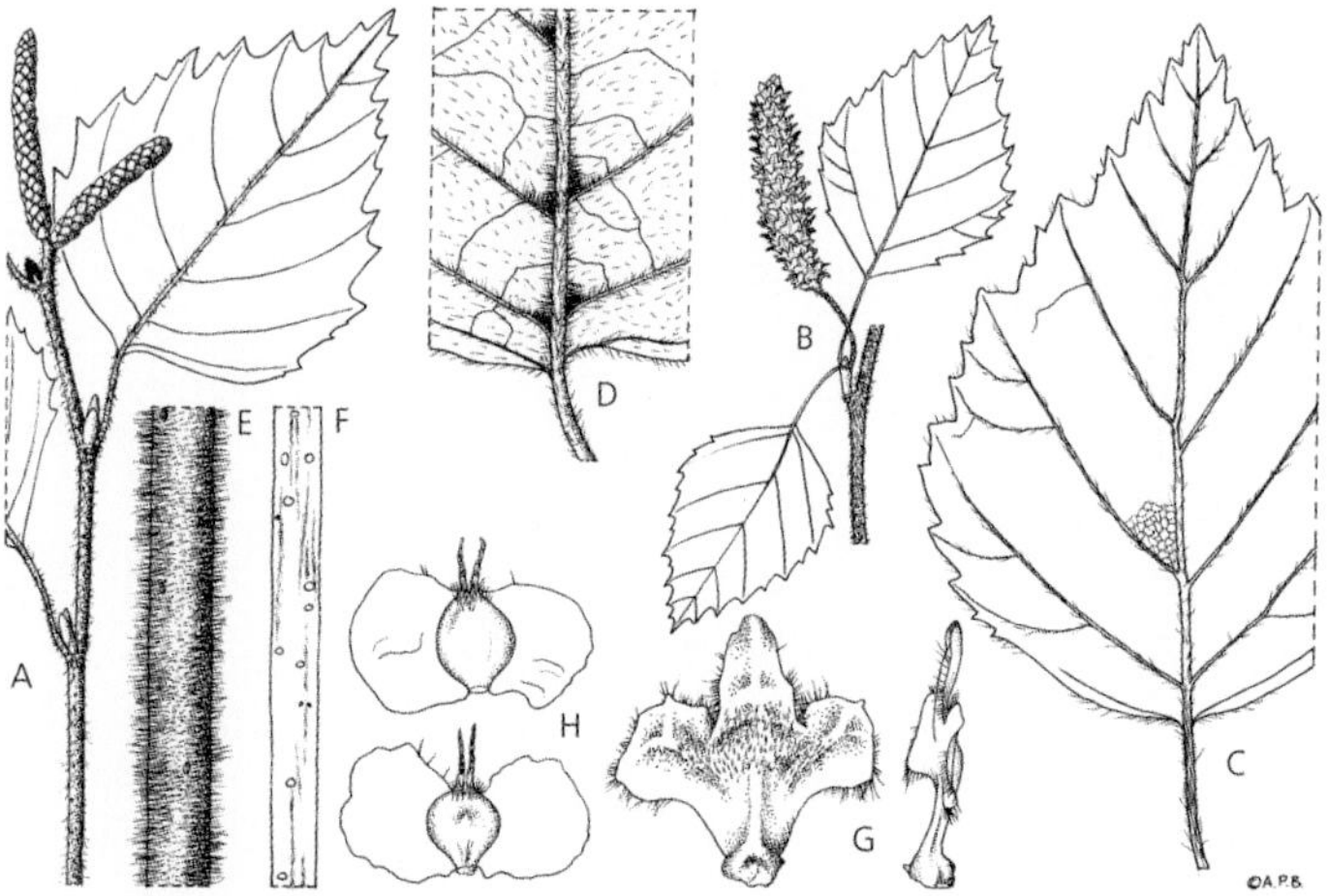

ヨーロッパダケカンバ（学名 B. pubescens, var. pubescens）。つぼみの付いた小枝と未熟な雄花の尾状花序（A）。成熟し結果した尾状花序の付いた新芽（B）。葉の裏側（C）。産毛がたくさん生えた葉脚の裏側（D）。産毛がびっしり生えた若枝（E）。小枝の樹皮（F）。雌花の尾状花序の鱗片（G）。種子（H）。

香る。19世紀半ばの記録には、「カムチャッカの海岸に近づき、カバノキから心地よい香りが漂ってくると、船旅で疲れ切った旅人はもう岸に着いたような気がして、木立の芳香を吸い込む」とある[12]。

スコットランドで、かつてヨーロッパダケカンバに覆われていた土地の多くは、現在ではワラビとヒースと芝の荒野になっている。とはいえ、いまでもこの種はシダレカンバともどもこの国でよく見られる原生林の構成要素であり、シカやヒツジから食べられないですむ川岸や、こうした動物が近づけないほど険しい地形の場所でも繁茂している。イギリス諸島各地と同じように、スコットランドでもカバノキを意味する「birk」という言葉がよく地名の最初についているのは当たり前かもしれない[13]。スコットランド高地では、カバノキの林の境界がはっきりしないことが多い。

秋のヒメカンバ（学名 B. nana）。フィンランドのキルピスヤルヴィ湖を望むサアナ。

カバノキの生態が「動き回る余地」を必要とし、動物に食い荒らされることが減ると荒れ地に侵入するものの、通常は「カバノキの一世代が終わると枯れる」からである。[14]

低い気温にも耐えるヒメカンバ（学名 B. nana）――横に広がる低木で小枝に産毛がびっしり生えている――と、それより高く伸びるレジンバーチ（学名 B. glandulosa）は、山岳地帯や亜北極地帯の荒れ地、および極寒の北極圏ツンドラ地帯に適応している。こうした地域では低木群のかなりの部分を占め、低木種のヤナギ（学名 Salix spp.）、およびビルベリー（学名 Vaccinium spp.）やガンコウラン（学名 Empetrum nigrum）などの低木とともに育つが、ヒメカンバ（学名 B. nana）はカルパチア山脈やアルプス山脈などはるか南の山岳地帯でも見られる。世界各地に分布するヒメカンバの仲間には、日本のコウアンヒメオノオレ（学名 B.

frutícosa）のように湿地を好むものや、B. gmelinii のようにロシアやモンゴルなどの砂地の丘陵や砂漠に生えるものもある。これらとは対照的に、樹皮が褐色の樹種が自生するのは、さまざまな種が混在する温帯と亜熱帯の落葉樹林の中で、同じ種だけで木立をつくることもあるが、一般には一本ずつ離れて生える。葉はサクラやシデの葉に似ており、樹皮は褐色または黒に近いこともある。多くの場合、艶や光沢、金属光沢があり、白い粉がついていることもある。樹皮が褐色の種は、先史時代に存在した古代のカバノキに最もよく似ていると考えられている。こうした種は、もともとすべてのカバノキに共通していた特徴を除いて共通点がほとんどなく、それぞれ遠い関係でのみつながっているため、植物学者はグループに分けるのに苦労した。[15]

地質学上の証拠から、カバノキは大昔から存在することがわかっている。カバノキとその近縁種であるハンノキの花粉に似た花粉の化石が、約7000万年前の岩石の中に見つかったのである。[16] カナダ、ブリティッシュコロンビア州のリンデマンクリークでは、結実した尾状花序と小堅果を含む、カバノキに固有の生殖構造が、約5000万年前の堆積物中に見つかっており、その頃までにカバノキが属として明確に分化したことを示している。[17] こうした発見から、恐竜が約6550万年前に絶滅する前からカバノキ属（学名 Betula）は存在していたと専門家は結論づけた。[18] その頃までにカバノキ科に属する樹木は、北半球のユーラシア大陸と北アメリカ全体に広がる、かつて温暖で乾燥し、比較的「開けた」針葉樹林だったと考えられている地域全体に分布していた。

カバノキの最古の化石は「B. leopoldae」と名づけられている。現存するカバノキの種でこのカバノキの祖先に最も近いと考えられているのは、「B. insignis」という、中国の山林にある1本の

アメリカ、ユタ州のユインタ郡で見つかった約5000万年前のカバノキの葉の化石。

B. insignisの小枝。春には垂直に伸びる雌花の尾状花序と長い雄花の尾状花序がたくさん付いて目を引く。

大木である。[19]

白亜紀（1億3000万～6550万年前）を終わらせた「大量絶滅」のあと、地球の気候は全体的に温暖湿潤になったため、多くの地域で比較的乾燥していた森林が雨林になり、植生帯が拡大し、季節ごとの差異が小さくなった。続く古第三紀（6550万～2303万年前）の地層で見つかった化石からは、西ヨーロッパがこの時代に熱帯気候になっていた一方で、北極海を囲む北の陸塊の大部分には温帯極地林が存在し、そこにカバノキに似た樹木が広く分布していたことがわかる。次第に属が、次いで亜属のグループが形成され、これらが地質と気候の変化に伴って孤立すると、異なる種へと進化した。シラカンバとヒメカンバが進化したのはかなり最近のことだと考えられており、約1000万年前になるまで化石の記録には現れない。[20]現在、冷帯と北極地方に生えているカバノキの種は、それより南の山岳地で低温に耐える性質を発達させ、おそらく300万年前に地球が寒冷化した時代に北へ

ヨーロッパダケカンバ（学名 B. pubescens）の雄花の尾状花序。花粉を飛ばしている。

移動したと考えられている。[21] グリーンランドで見つかった木の幹と葉の化石からは、ヒメカンバ（学名 B. nana）がほかの樹木（マツ、カラマツ、イチイなど）や植物とともに、約180万年前に更新世の氷河期が始まる前に北極地方の最北の地に生えていたことがわかる。[22]

世界中の樹木のうち、氷原に最も近い土地で成長できるのがカバノキである。花粉の化石から、現在と同じように間氷期にも、カバノキの分布域が温暖な南部の落葉樹林と北部のツンドラの間に存在したことがわかる。この分布域から、氷河が後退すると北方に進出して定着し、気候がふたたび寒冷化すれば新たな氷床が形成される前に南方に広がって優勢になった。[23] ツンドラに分布する低木種のヒメカンバ（学名 B. nana）は、（低木種のヤナギとセイヨウネズとともに）氷河期全体を通じ、イギリス南部の氷河がない地域に生えていたと考えられている。花粉の証拠は、この種と高木種のカバノキが1万3000年前からイギリス諸島に生えていたことを示す。[24] 最終氷期が終わると、カバノキはヨーロッパに真っ先に定着して森林を形成し、その

毒キノコのキヒダマツシメジ（学名 Tricholoma fulvum）：カバノキの根と共生体を作る多数のキノコのひとつ。ヨーロッパとアメリカの一部でよく見られる。

後はたいてい、わずかに遅れてマツが続いた。その後、カバノキはアスペンやヤナギをはじめとするほかの樹種のために環境を整え、こうした樹種と合わせてオリバー・ラッカムが初期の「原生林」と呼んだものを形成した。[25]

そういうわけで、カバノキはたくましい先駆樹種なのである。露出したばかりの土壌に自分の場所を確保し、ほかの樹木のために環境を整え、優れた生存戦略を進化させた。しかし、カバノキはどのようにして広範な環境に貢献し、かつ確実に成功を収めているのだろうか？　まず生殖と成長に目を向けてみよう。カバノキが自然の状態で繁殖する主な方法は種子をつくることである。カバノキは雌雄同体で、ほとんどの場合は自家不稔性［同一個体に生じた胚珠と花粉の間で種子を生じないこと］である。これは、雄花と雌花の尾状花序が同じ木に――多くは同じ枝の上に――別々につくられるが、受精するにはほかの木の花粉が必要だ

ヒマラヤカンバの亜種であるジャックモンティ（学名 Betula utilis subsp. jacquemontii）の真っ白な樹皮。

という意味である。雄花の尾状花序は雌花より先に発達し、春になると高木種のカバノキではそれがかなり長く伸びる。*B. insignis* がつける尾状花序は最も長く、最大約16センチにもなる。受粉を昆虫に頼る（そして鳥と動物に種子と果実をばらまいてもらう）世界の大半の顕花植物とは対照的に、カバノキは雌花の尾状花序がつくった小さな花粉の粒を風で飛ばす。風に運ばれれば、花粉、すなわち遺伝的要素は、長距離を移動して交換される。これはカバノキにとっては好都合だが、人間にとっては困ったことだ。北半球ではカバノキの花粉にアレルギー反応を起こす人が多いからである。地域にもよるが、春には西ヨーロッパ人口の5パーセントから54パーセントが花粉症を発症している（ヨーロッパ全体、北アメリカ北部、日本のように離れた場所で喘息、アレルギー性鼻炎、結膜炎などの反応を引き起こしている）。主な犯人はタンパク質「Bet v I」で、この物質に対してアレルギー反応を起こす人が増えている。[26]
受精後、シラカンバの雌花の尾状花序は、厚みがわずか細胞ひとつぶんという薄い羽根がついた小さな種子を数百個生産する。熟すと尾状花序が割れ、これらの種子――計算によれば成木1本につき1100万個以上――は風に飛ばされて分散する。[27] シラカンバの種子は、周囲に生えているライバル、マツやトウヒなどの球果植物の種子より一般に軽く、小さく、広い範囲に拡散するため、生存競争では際立って有利である。球果植物と比べたもうひとつの大きな利点は、シラカンバの成長が速く、わずか4年で種子を生産できることである。日差しが強ければ苗はすばやく発芽し成長するため、ヒースの荒れ地や林の中の空き地、植林地や使われていない採石場など、開けた土地があればそこに定着する。しかし、カバノキが密生した林では、苗が大きくなるのは難しい。おそらく日陰で日照不足になるせいもあるが、ほかのカバノキの根から競争相手の邪魔をする物質が分泌されるせいでもあると考えられている。[28]
髭根は幹の周囲から伸びて養分と水分を吸収し、木を安定させる根鉢《ねばち》を形成する。この髭根をすばやく張りめぐらせたあとは、それより大きな根が伸びて地中深くからミネラルを吸い上げる。このミネラルは、木から落ちた弱アルカリ性の葉が腐敗すると地表にふたたび放出され、効率的にリサイクルされる。シラカンバはこのような方法で土壌――とくにヒースの生えた酸性の荒れ地や球果植物の林だった土地――を改良し、肥沃度を高めることが知られている。こうしてカバノキが土壌を整えたところへやってきたほかの樹種は、チャンスに恵まれればカバノキに取って代わることもある。[29] ただし、木は単独で仕事をするわけではない。ほかの木と同じように、カバノキの根も特

ヒマラヤカンバ（学名 B. utilis）の印象的なオレンジ色／褐色の樹皮が剥がれているようす。ネパール、クンブのナムチェバザール近郊。

北アメリカ原産のキハダカンバ（学名 B. alleghaniensis）。金属光沢のある樹皮が丸まったフレーク状に剥がれている。

定のキノコ（真菌類）と共生関係を築いており、その菌糸体はカバノキの根の延長となって養分の吸収を助ける。苗木が成長する際にはとくに重要な働きである。カバノキは一生を通じて多数のキノコと関係を築くが、その大半は有益なものである。[30] ヒメチチモドキ（学名 Lactarius tabidus）、カバベニタケ（学名 Russula betularum）、キヒダマツシメジ（学名 Tricholoma fulvum）、そしてとくにカバノキの成木と結びつきが深い、赤いかさに白い斑点の典型的なベニテングタケ（学名 Amanita muscaria）など、北半球のカバノキの林で秋によく見られる毒キノコは、これらの菌根菌の子実体である。カバノキの枝に小枝が密集して鳥の巣のように見えるテング巣病は、子嚢菌に感染して起こる。

根を下ろしたカバノキは、生存競争で有利になるようにほかの秘策を用意している。シラカンバとヒメカンバの仲間をはじめ、いずれも風雨によく耐える。葉が丈夫で小さい——周囲のほかの広葉樹の葉よりも小さいことが多い——ために損傷を受けにくいことが、この点で大いに役立っている。カバノキの若枝と若芽に、密度や長さはさまざまだが何らかの産毛が生えているのは、寒さから身を守るためだろう。また、ほとんどの種が樹脂を生産する腺を持つのは、アブラムシの攻撃と草食動物の捕食を阻止するためだと考えられている。[31]

カバノキの樹皮は多彩な美しさをたたえ、紙のように薄く剥がれる性質があり、手触りもよい。それが最も目立つ特徴であり、栽培種として選ばれる場合の大きな理由に違いない。色と質感はそれぞれの種で異なるだけでなく、同じ種の中でも場所、気候の要素、樹齢などによって集団ごとに差が出る。色合いは、輝くような純白から、わずかにクリーム色やピンク色や黄色を帯びた色合い、

樹齢とともにしわが寄り、ひび割れたカバノキの樹皮。溶岩流に似ている。

銅のようなオレンジ色やオレンジがかった赤色、さまざまなニュアンスの褐色、ほぼ黒まで、さまざまである。樹皮によっては白い粉末で覆われているものもある。ベツリンという樹皮中の化合物によるもので、この物質のおかげで水をはじくだけでなく、腐りにくくもなり、木が枯れて木質部分が腐敗したあとも長く状態を保てる。樹皮と小枝に存在するベツリンその他の化学物質は、カバノキの若木の葉や芽がシカ、野ウサギ、ウサギなどの草食動物に食べられないように木を守るものとも考えられているが、ヒツジ（イギリスでは、開けた土地にカバノキの林が再定着する際の主な阻害要因）には効果がない。[32] 北アメリカでは、ヤマアラシとビーバーに対してやはり効果がない。[33]

皮目《ひもく》（内部組織と外気の間で通気を行うための盛り上がった割れ目）がつくる水平の筋のパターンは樹皮を背景にしてくっきりと目立ち、カバノキに魅力を添えるとともに、絵画表現ではほかの木と区別をつける特徴となっている。人間の目には外面的な魅力と映るかもしれないが、カバノキの樹皮の色と際立った質感は明らかに自然界の別の目的に合わせて進化したものである。樹皮が最も白いのは、中国南西部とチベット南東部を原産とするシダレカンバの亜種、シセンカンバ（学名B. pendula subsp. szechuanica）である。若木のときは褐色か薄いオレンジ色を帯びているが、成木の樹皮は「輝くような純白」で、シナモン色の皮目が入っている。[34] 変わっている点として、ほかの種にも見られなくはないが、この「真っ白」な樹皮からは大量の白い塵が落ちる。この塵の目的ははっきりとはわからないものの、白い樹皮は一般にカバノキを保護するために進化したという説がある。北国特有の低い角度から届く日光で樹皮が過熱し乾燥しすぎる危険を減らす戦略として、日光を反射させるために白くなったということである。[35]

ケンティッシュグローリー（学名 Endromis versicolora）。幼虫はカバノキとハンノキに寄生する。

一部の種では、外樹皮が薄い巻紙状または小さなフレーク状に剥がれ、下にあるみずみずしいベルベットのような、または光沢のある新しい層が現れる、という興味深い現象が見られる。ヨーロッパと北アメリカで広く栽培されているヒマラヤカンバ（学名 B. utilis）などの種では、カシミール地方原産の真っ白な亜種、ジャックモンティ（学名 B. utilis subsp. jacquemontii）から、他の亜種の銅色やそれより濃い色までさまざまな色合いの樹皮が、大きく見事な薄板状や巻紙状に剥がれる。東アジア原産のヤエガワカンバ（学名 B. dahurica）などほかの種では、樹皮が丸まった小さなフレーク状に細かく剥がれるため、けば立って見える。北アメリカ東部に分布する成長の遅いキハダカンバ（学名 B. alleghaniensis）は、独特の金属光沢のある黄色がかったブロンズ色の樹皮が、やはり丸まった小片や帯状に剥がれる。

なぜこのような戦略や適応の形が現れたのか、

カバノキの尾状花序から種子を取り出すベニヒワ。

というのは興味深い問いである。環境問題の研究者で作家のジョージ・モンビオットは、彼がヨーロッパシラカンバの「まだらのコート」と呼ぶものの進化を説明する興味深い説を提示した。[36] 約4万年前に狩り尽くされて絶滅するまでヨーロッパ中を歩き回っていたストレートタスクゾウなど、「巨型動物類」を引き合いに出し、老木になると「溶岩流のひび割れた表面のようにしわが寄る」カバノキの樹皮は、「黒いひび割れによって白い肌が剥けにくくなる」ことから、実は「ゾウ対策」として進化したのではないかと言うのである。[37] モンビオットは次のように続ける。

現在の生態系は、別の時代——とはいえ長い進化の時間尺度で見れば依然として同じ時代ともみなせる——の目には見えない特徴を反映したものである。私たち人間がかつて怪物に囲まれて生きるのに必要だった心理的な鎧をいまだに持っているのと同様に、樹木はもはや存在しない脅威に対して武装しつづける。[38]

カバノキは確かに逆境に強い木だが、最も一般的に栽培されているシラカンバは、通常、どちらかといえば短命である。シダレカンバ（学名 B. pendula）の寿命は成長条件に大きく左右されるが、わずか60年から80年の場合が多い。環境に恵まれなければ成長速度は遅くなり、一般に寿命は長くなる。グリーンランド南東部では、あるヒメカンバ（学名 B. nana）の幹に147の年輪が刻まれているため、この種はカバノキの中で最も寿命が長いのではないかと考える者もいる。[39] しかし、通常100～140年生きるアメリカシラカンバが、場合によっては200年を超えるという報告や、老生林の重要な構成要素をなすキハダカンバのように成長の遅い種では、300年を超えるという報告もある。[40,41] しかし、木の寿命が本当に終わるのはいつだろうか？　カバノキの若木は、木が成長力を失ったときに幹の基部から生えることもあれば、切り倒されたり火事などで損傷したりしたあとに残る切り株から生えることもある。この点、ライバルである球果植物の多くとは異なっている。

カバノキは寿命に関係なく野生生物にとって重要な存在である。ヨーロッパでカバノキに寄生する合計499種ほどの昆虫とダニ類のうち、約133種がカバノキだけに依存している。[42] イギリスだけを見ても、合計344種がシダレカンバとヨーロッパダケカンバに寄生していると推定される。[43] この中にはコヒオドシ（学名 Aglais urticae）の幼虫、およびバフチップ（学名 Phalera bucephala）、ペブルフックチップ（学名 Drepana falcataria）、ケンティッシュグローリー（学名 Endromis versicolora）、アングルシェード（学名 Phlogophora meticulosa）など多くのガの幼虫が含まれる。[44] また、

アメリカの北部と東部でよく見られるシルスイキツツキ。自分が開けた穴に戻って樹液を吸い、樹液におびき寄せられた昆虫を取り出して食べる。

カバノキの種子はさまざまな鳥にとって重要な餌である。とくにベニヒワ（学名 Acanthis spp.）とマヒワ（学名 Spinus spp.）を含むフィンチのくちばしは、カバノキとハンノキの尾状花序を食べるように特化している。またゴシキヒワ（学名 Carduelis および Spinus spp.）、ウソ（学名 Pyrrhula pyrrhula）、アオカワラヒワ（学名 Chloris chloris）、およびヨーロッパのフィンチで最小のセリン（学名 Serinus serinus）など、ほかにも多くの鳥がカバノキの種子を食べる。アオガラ（学名 Cyanistes caeruleus）、ヨーロッパシジュウカラ（学名 Parus major）、コガラ（学名 Poecile spp.）など、カラの仲間も同様である。エリマキライチョウ（学名 Bonasa umbellus）やライチョウ（学名 Lagopus spp.）などそれより大型の鳥も、ヒメカンバ（学名 B. glandulosa と B. nana）を含むカバノキのつぼみと種子を食べる。スコットランド高地では約28種の鳥がカバノキの森がつくり出す生息環境に依存している。[45] ハタネズミ、トガリネズミ、ハツカネズミを含むさまざまな哺乳類がカバノキの種子を食べたり、カバノキと密接にかかわったりしながら暮らしている。シカとヘラジカはカバノキの苗木と木質茎と葉を大量に食べる。これらの動物は栄養分のある内側の層を食べようとして樹皮を剥がし、木に大きなダメージを与える。アメリカではカンジキウサギ、ビーバー、ヤマアラシ、リスも同じことをする。[46]

セイヨウネズ（学名 Juniperus communis）、セイヨウミザクラ（学名 Prunus avium）、エゾノウワミズザクラ（学名 Prunus padus）、フサスグリ（学名 Ribes rubrum）を含む多くの植物も、ユーラシア大陸全体に分布するカバノキとかかわっている。[47] カナダ、アラスカ、北アメリカ北東部では樹洞営巣性の鳥が枯れた幹や腐食した幹を利用するのに対し、シルスイキツツキ（学名 Sphyrapicus varius）はその名のとおり、健康な木の樹皮に狭い間隔で小さな穴を開け、漏れ出してくる樹液を吸う。[48] しかし、この現象を利用するようになったのは鳥だけではない。

第2章　健康によい木

冬が終わると新たな生命が目覚め、変化のプロセスが始まる。日が延びて日差しがあたたかくなることで、カバノキに重要な信号が送られる。木は、冬の間に蓄えたでんぷんを糖に変えはじめ、根毛を発達させて地中から吸水する力を増強する。水は木に吸い上げられ、糖とミネラルを眠っている枝へと運ぶ。枝を折ったり、切ったり、あるいは樹皮を傷つけたりすると、上ってくる樹液――ジョン・イヴリンが言う「カバノキの味と香りをほのかに」宿した透明な液体――が流れ出す。[1]

はるか昔から、西はイギリス、フランス、スカンジナビア諸国から、ポーランドとスロヴァキアを経て南はルーマニアまで、また旧ソビエト連邦から中国北部、朝鮮半島、日本、そして北アメリカ北部にいたるまで、北半球の広い地域で人々はこの現象を利用し、木から樹液を採取して飲んできた。[2]カバノキは分布域が広大なため、この中にはたとえばユーラシア全域ではシダレカンバとヨーロッパダケカンバ、ロシア極東地域ではチョウセンミネバリ（学名 B. costata）、北アメリカではシダレカンバ、アメリカシラカンバ、アメリカミズメ（学名 B. lenta）、キハダカンバ、ブラックバーチ（学名 B. nigra）、ウォーターバーチ（学名 B. occidentalis）が含まれる。

樹液が上がり始める初春の木々。ウクライナ北部、チェルニーヒウ。

ウクライナで、カバノキに挿した管から滴る樹液。地元の人々は大昔から樹液を飲んできた。

１０００年以上前の紀元９２１年、アラブ人の旅行家アフマド・イブン・ファドラーンは、ロシアのヴォルガ川流域に住みトルコ語を話していたブルガール人が、カバノキの樹液を発酵させたものを使用していたことを記録している。[3] また、ヨーロッパなどほかの地域では昔から採取したままの樹液を飲む伝統があり、14世紀の文書にはノルウェーのスヴェレ王と臣下たちが「荒野の中で、木から飲める樹液以外に食べ物もないまま、ふた晩を過ごした」という記録がある。[4] 同時代の別の記録には、シベリアのウリャンカイ族が「水の代わりに」樹液を飲んでいたと記されている。[5] 北アメリカでは、アメリカ北東部からカナダを経てアラスカにいたる地域で、森林先住民が昔からカバノキの樹液を食用および薬用として利用してきた。たとえばアルゴンキン族とイロコイ族はキハダカンバの樹液を、ときにはカエデの樹液と混ぜて飲んでいた。[6] ヨーロッパの北部と東部やその周辺で樹液を利用したのは、森で暮らす民族や森林労働者、牛飼いや羊飼いだけではない。都市部に住む人々も貧富を問わず、森林地帯で採取され、樽で運ばれて近郊の都市で売られる樹液を利用していた。18～19世紀には、トランシルヴァニアの市場で販売されるカバノキの樹液は、地元の人々にとって重要な収入源だった。[7]

ただ、樹液を採取できる期間は、場所と気象条件にもよるが、初春に木が若葉をつけるまでの10日前後から約3週間まで（通常は3月半ばから4月初めまで）と短い。昔からこの時期は農作物が収穫できるようになるまでの食料不足の時期にあたっており、この状況は北ヨーロッパでは19世紀末まで、東ヨーロッパでは1960年代まで変わらなかった。森林地帯や森林が多い地帯などほかの水源を見つけにくい地域で樹液が重要になった理由は容易に察することができる。樹液はほのかに甘く、（木がどこに生えているかによって）カリウム、カルシウム、マグネシウム、マンガン、亜鉛などのさまざまなミネラル、ビタミンCとビタミンB群、抗酸化物質、アミノ酸、糖を含む。[8]北国の長い冬が終わったあとの嬉しい贈り物であり、さわやかな飲み物であるだけでなく、重要な栄養源でもあった。しかし、生の樹液は保存がきかない。冷やしたり冷蔵庫に入れたりすれば最長5、6日もつとも、2週間もつとも言われるが、冷蔵保存しなければ2、3日で発酵が始まる。一般にはレモン果汁やその他の植物エキスと合わせて生のままで飲むが、伝統的には保存のためにエールやワインなどの発酵飲料にしたり、場合によってはビネガーにしたり、あるいは煮詰めてシロップにしたりする。多くの国では、穀物、ドライフルーツ、ライ麦パン、小麦粉、酵母、またはモルトなどを加え、一種のエールがつくられてきた。それは東ヨーロッパで有名な「クワス」（バルト海沿岸・スラブ地域の発酵飲料）に似た飲み物で、セイヨウヤチヤナギ（学名Myrica gale）やセイヨウネズ（学名Juniperus communis）などほかの植物の香りをつけることも多く、保存しておいたものを夏や干し草づくりの期間、あるいは穀物の収穫期に飲んだ。北アメリカ、とくにアメリカ北東部とカナダのニューファンドランド島では、「バーチビール」と言えば別のものを指すようになった。もともとは樹皮を茹で、酵母を使って発酵させたものだったが、自家製のものを除き、今日ではカバノキやほかのエキスで風味をつけた炭酸飲料を指す。バーチビールはさまざまなブランドから発売されている。

ロシア、エストニア、イギリス、ラトビア、スカンジナビア諸国にはバーチワイン製造の長い歴史があり、現在、スウェーデンでは1875年にさかのぼるレシピを使って「サーヴ」というスパークリングワインがつくられている。ウォッカなどのスピリッツや、最近ではジンにも、カバノキの樹液やつぼみのエキスを風味づけに使用することがある。[9] 市場で新たな人気を獲得しつつあるカバノキの樹液のように、昔からあるもうひとつの製品はバーチシロップである。ショ糖を主成分とするはるかに甘いカエデの樹液とは異なり、カバノキの樹液の糖度は、カバノキの種、地域、採取時の気象条件により、約1～2・6パーセントである。[10] 自然に生成される主な糖は（ショ糖より消化しやすいと言われる）果糖で、次がブドウ糖、そして少量のショ糖と微量のガラクトースが続く。バーチシロップは伝統的に樹液を煮詰めてつくられ、アメリカ先住民は昔からこれを甘味料として使っていた。ユーラシア大陸では、とくに戦時中に砂糖の代用品として使用された。

スコットランドでは、カバノキの樹液採取がふたたび伝統的な方法で行われるようになっているが、かつては甘いシロップをさらに煮詰めて砂糖菓子をつくっていた。[11,12] 現在、シロップの商業生産が最大規模で行われているのはアラスカである。アラスカの内陸部と中南部にはカバノキとトウヒの交じった森が広がり、最大手の生産者は毎年1万1000～1万6000本のアメリカシラカンバの木から樹液を集めている。逆浸透処理を施して水分を70パーセント取り除いたあと、樹液は糖度67パーセントになるまで煮詰められる。4・5リットルのバーチシロップをつくるには、約455リットルの樹液が必要になる。[13] キャラメルかモラセス［砂糖を精製する際にできる糖分を含んだ黒っぽい液体。糖蜜］に似た、甘いというより味わい深い独特の風味を持つこのシロップは、ほかの風味と喧嘩せずに相手を引き立てる万能な製品である。

カバノキの樹液を採取するには、通常は幹に穴を開けるか切り込みを入れ——長さ30～60センチで地面から高さ1・5メートルの位置が一般的——、樹液が表面を伝って流れるようなもの（小枝、溝をつけた杭、断面がV字型の木片や金属片）、または木製の樋やプラスチックか金属の管など樹

穀物を原料とする蒸留酒にカバノキのつぼみを浸し、バーチシロップを加えてつくるアイスランドのリキュール。

ベラルーシのミンスク近郊で、カバノキの樹液が入ったビニール袋を集める労働者たち。

液が中を通るようなもの（かつては、ニワトコの空洞の茎やカバノキの樹皮でつくったじょうごを使うこともあった）を挿し込み、大きなビニール袋やプラスチックの桶などその下に取りつけた容器へ樹液を回収する。樹液はカバノキの新しい切り株に穴を開けて採取することもできる。ジョン・イヴリンの『樹林 *Sylva*』（1664年）では、切り込みのタイプと位置ごとに比較したメリット、木のどちら側が最もよいか――イヴリンは南西面を推奨――など、樹液採取をさまざまな側面から論じている。[14] しかし、ジョン・ウォーリッジはイギリスの果物からつくられる多様な飲み物に関する論文『イギリスのブドウ畑 *Vinetum Britannicum*』（1676年）でイギリスにおける樹液採取についても記述し、次のように助言している。

> 木の枝を切り落として先端に瓶の口をあてがうと、一日に多量の樹液を集めることができ

るため、複数の枝に多数の瓶をぶら下げれば、樹液が瓶に大量にたまる。

ウォーリッジによれば、最良の樹液がとれるのは枝からで、それは「樹液が木の中に長い間留まっていたために、幹から抽出する場合よりもその風味を多く吸収し獲得している」からだった。[15]

1本の木が年間に産出する量は木の大きさ、場所、気象条件に大きく左右されるが（一般に、雨が多く涼しい気候で樹液の量が多くなる）、ロシアのシダレカンバとヨーロッパダケカンバの平均産出量は一日に4～5リットル程度である。[16] チョウセンミネバリ（学名 B. costata）は一般に最も産出量が多い種とされ、1本の木が一日に50～78リットル産出できると言われる。[17] 樹液を枯渇させないための適切な採取量をめぐってはさまざまな意見がある。現在、アラスカの採取業者はそれぞれの木について採取間隔を2年空けている。それより長い間隔を空ける業者もいる。樹液採取は適度に行えば木を傷めることはなく、普通、シーズンの終わりには穴が塞がって細菌感染を防ぐと言われているが、このやり方の良し悪しについては議論もある。

樹液採取の歴史の長さと北半球の人々にとって重要性は、ベラルーシで3月を意味する「сакавік」（「カバノキの樹液の月」）や、フィンランド、エストニア、ラトビアで4月を指して伝統的に使われる似た言葉「berezen」、あるいはウクライナの「березень」やチェコの「březen」（どちらも訳すと「カバノキの月」となる）などの表現に反映されている。各地ではこの重要なできごとを盛大に祝い、催しの一環として少女たちがとれたての樹液を飲んでいた。こうすることで健やかに成長し、子宝に恵まれると信じられていたのである。[18] カバノキの樹液を飲むと元気になるとい

ウクライナの環境汚染源から離れた森林地帯で、採取した樹液のバケツを運ぶ男たち。

う考え方は広い範囲で見られる。東ヨーロッパと北ヨーロッパ（ロシアの北極圏を含む）には、大人も子供も樹液を普通の健康飲料として飲んできた長い歴史があり、ルーマニアでは丈夫になるようにと体の弱い子供に与えていた。カバノキの樹液は代表的なものだったが、それ以外にもカエデ（学名Acer spp.）、ブナ（学名Fagus sylvestris）、セイヨウトネリコ（学名Fraxinus excelsior）、シナノキ（学名Tilia spp.）などさまざまな木の樹液が採取された。かつては、樹液を飲むことは壊血病の予防に効果的だと考えられていた[19]。

しかし、バーチウォーターはさまざまな病状にも効くことが知られており、その効能をめぐる主張も歴史が古い。16世紀にそれぞれドイツ、イタリア、スウェーデンで書かれた医学書は、いずれもそのことに言及している。たとえばイタリアの植物学者で医者のピエトロ・マッティオリ（1501〜1577年）は、バーチウォーターが潰瘍、腎臓結石、胆石の治療に使えると述べた。[20] イギリスの薬草学者で医者、占星術師のニコラス・カルペパー（1616～1654年）も同様に、著書の『カルペパー ハーブ事典』（パンローリング、2015年）で「きりで穴を開けた木からとれる水を飲むと……腎臓と胆嚢の結石を解消することができ、また口内炎の消毒にもよい」と書いている。[21]

バーチワインも薬効があると考えられた。ジョン・イヴリンは1664年の『樹林 *Sylva*』で、「肺病、および胆嚢や腎臓の結石に伴う内科疾患の治療に大きな効果がある」と述べている。同書には「ある麗人」から送られたレシピが掲載され、それが「肺結核の治療に驚くべき効果を発揮」する場合があると記された。[22] ヨーロッパとロシアの民間療法ではこのような効能、とくに毒素を排出する効果が繰り返し唱えられているほか、肝臓、胃、肺の疾患、霜焼けと風邪、痛風、肝炎、気管支炎、腸内の寄生虫、肺炎、頭痛、黄疸、結膜炎、便秘、耳痛、リウマチと関節炎にも効くとされ、さらに利尿剤としても使用された。樹液は動物にも効果があると考えられ、牛の乳量を増やす目的などで動物にも使用された。

「バーチウォーター」は、解毒作用のある低カロリーの健康ドリンクとして、つまり「肝臓が化学物質を、腎臓が尿酸を排出するのを助ける、抗炎症作用のある天然の利尿剤」であり、ビタミンとミネラルが豊富ながらカロリーはココナッツウォーターの4分の1だと大々的に宣伝されており、従来の消費国以外におけるバーチウォーターのニッチマーケティングと宣伝はいまや一大ビジネスになっている。[23] あるイギリス企業のウェブサイトでは、「滑膜ひだ、腱の炎症と筋肉の収縮に作用するため、骨関節炎に対する薬草療法の一環としても有効」だと謳われ、樹液を飲むことで「排泄

フィンランドのカバノキから採取された樹液のパック（バーチウォーターと記されている）。

系の不調によって老廃物が蓄積した結果である肌荒れが改善される」という記載もある。[24]

東ヨーロッパとロシアでは、昔からカバノキの樹液が肌の内部にも表面にもよいと信じられてきた。19世紀には白い肌がとくにもてはやされており、バーチウォーターは肌の色を明るく「美しく」する、とくにそばかすを消したり減らしたりするのに効果的だとされた。エストニアでは、春に採取される樹液の最初の数滴で、ひと夏中肌を白く保てると考えられていた。カバノキかカエデの樹液を使った湿布は、目の痛みをやわらげるのに役立ったという。[25] 最近の研究では、樹液が肌細胞の保湿とバリア機能の向上に効果を発揮することが示され、シダレカンバの葉のエキスを用いた実験では、肌を明るくする効果があることが示唆された。[26,27] 樹液には、頭皮を刺激して抜け毛を予防し、髪の成長を促す効果があるとされ、洗髪にもよく用いられる。ブルガリアの一部の地域では、薄毛予防として髪の毛の根元に塗るとよい、とされている。[28] イタリア中部では樹皮を煎じたものに樹液を加え、脱毛症の伝統的な治療薬として使ってきた。[29] おそらく最も有名な擁護者であるヴィクトリア女王は、バルモ

北アメリカ原産のボグバーチ（学名 B. pumila）の雌花の尾状花序。ヒメカンバの一種で沼地や湿地を好む。

ラル城滞在中に「薄毛対策として」カバノキの樹液を「大量に」飲んだという。[30] カバノキの樹液は、以前から香水やシャンプーなどさまざまな化粧品・洗面用品に配合されていて、最近はいっそう人気が高まりつつある。

旧ソビエト連邦では、集中管理された形での樹液採取が１９２０年代に始まり、ソ連が崩壊する１９９１年まで工業規模で行われた。１９８０年代後半には年間生産量が７万トンを超えている。多くの食品が不足した時期でも樹液は非常に安く、常に市場に出回っていた。しかし、１９８６年にチェルノブイリ原発事故が起こると、放射能汚染を恐れる声が上がり、消費量は激減した。チェルノブイリは、ソ連で最もカバノキの樹液を生産していたウクライナのなかでも、とくに生産量が多い都市だったからである。ロシア、ウクライナ、ベラルーシ、エストニア、ラトビア、リトアニアは、相変わらず販売用と自家用に樹液生産を続けている。たとえばウクライナでは、カバノキの樹液が生活に浸透しており、採取時期の始まりは現在でも重要な年間行事として新聞やウェブサイトで告知され、採取技法を示す動画や利用方法が掲載される。[31] また、カバノキの樹液のお祭りも開催されている。[32]
近年では、スカンジナビア諸国やカナダなど昔から樹液を採取してきたほかの多くの国で、樹液利用に対する関心がふたたび高まっている。フィンランド、ラトビア、ウクライナなどの小規模生産者が販売用に採取した樹液の多くは、冷凍して世界各国の企業向けに輸出され、濾過して殺菌したあとに、酸化防止剤としてクエン酸を添加してボトルに詰められる。

ユーラシア大陸と北アメリカで薬として使われてきたのは樹液だけではない。尾状花序、つぼみ、葉、枝、根、樹皮も利用されてきた。シダレカンバとヨーロッパダケカンバのつぼみと葉からつくったチンキ剤や煎じ薬は、ロシア、および西はポルトガルから東はギリシャとバルカン地域にいたる多数のヨーロッパ諸国、それにレバノンからさらに中央アジアまでの各国で、数々の病気に対する民間療法として伝えられ、樹液と合わせて治療に用いられてきた。[33] とくに普及していると思われる伝統的な治療法は、リウマチと関節炎にカバノキの葉を使用するもので、過去にフィンランドのイナリ・サーミ族が行っていた。現在でも、レバノンとトランシルヴァニアの一部の地域にはこうした慣習が残っている。具体的には、患者がカバノキの「樹脂が多い」若葉を敷き詰めた上に数時間横たわるか、あるいは足が痛む場合は葉を詰めたズボンか袋に足を入れて大量の発汗を促すというものである。[34]

サーミ族は、カバノキの結実した尾状花序（球果と呼ばれることもある）を噛んだりお茶にしたりして咳止めに利用していた。またカナダのオジブワ族はこれを焚いたときに出る芳しい煙を吸い込んでカタルを治療した。[35] アメリカ先住民も、キハダカンバ――ほかの薬に香りをつける香油の原料――とアメリカミズメを含むさまざまな種の枝、根、樹皮を多種多様な症状の薬として用いた。いずれの種も、サリチル酸メチルという化合物を含む。これは精油、「ウィンターグリーン」としても知られる化合物である。アメリカミズメの樹皮と木質部分は、擦ると小枝や芽から強いミントの香りを放つため、かつては蒸留してウィンターグリーンを抽出するのに利用された（1882年にペンシルヴァニアはこの製油の産地として記録されている）。[36] 現在、この物質は化学合成によって商業生産されている。カバノキの樹皮は、伝統的な薬として多数の用途（葉および樹液の用途と重なるものが多い）を持つだけでなく、いくつかの含有化合物には多大な可能性が秘められている。アメリカ先住民は病人用のテントの中で樹皮片を燃やし、煙で空気を浄化していたが、鎮痛作用と解熱作用で知られる樹皮の煎じ薬は北ヨーロッパと東ヨーロッパなどの各地で解熱剤および風邪薬として飲まれ、また、ロシアではかつてマラリアの治療にも用いられた。皮膚病と皮膚のただれ、傷の治療のため、外用薬としても使用された。[37] インド北部とネパールでは、ヒマラヤカンバ（学名B. utilis）の紙のように薄い樹皮を傷や火傷に直接貼り、この種やセイナンカバ（学名B. alnoides）の樹皮を茹でてつくったペーストを腫れ物、微小骨折、脱臼の治療薬として患部に貼っていた。[38] アメリカ先住民は茹でて叩いたカバノキの樹皮を同じような方法で傷に貼る湿布として使用し、また水につけてやわらかくした樹皮が乾くと固くなる性質を活かしてギプスや添え木に活用した。白内障の水晶体摘出手術を樹皮の小さな破片で行うこともあった。[39] シベリアのヤクート族は伝統的に熱したカバノキの樹皮片で包帯をつくっており、トランシルヴァニアでは第二次世界大戦中に捕らえられた囚人が傷の治療を受けた際に樹皮が抗炎症薬として使用された[40,41]。

葉や樹皮のエキス（「Betula alba」と呼ぶこともある。これはもともとリンネが1753年の『植物種誌 *Species Plantarum*』でシダレカンバとヨーロッパダケカンバの両方につけた名前である）は、現在欧米で市販されているさまざまな植物薬に配合されたり、ホメオパシー療法に取り入れられたりしている。ただし、樹皮から得られる（木質部分にも存在するが）バーチタールは特異な存在である。これは一種の樹脂で、粘性が最も低い状態ではバーチオイルとも呼ばれるが、ねっとりとしたシロップのような褐色の物質はエンジンオイルに似ていなくもない。熱分解によって得られるもので、カバノキの樹皮を密閉した容器やかまどのような構造物（土や砂などでつくったもの）に入れて周囲で火を焚き、空気がない状態にして250～400℃で「焼く」と、鼻にツンとくる粘性のある液体が下に置かれた容器に滴り落ちてたまる。このオイルはやがて硬くなって固まるが、沸かすことでゆっくりと粘性が高まり、冷えると凝固しはじめる。タールは燃えて炭化しやすいため、このプロセスは慎重に進めなければならない。この物質は温度によって状態が変わり、凝固したあとにふたたび熱して液体に戻すこともできるため、個体から液体までのさまざまな度合いの粘

アメリカミズメ（学名B. lenta）の樹皮から抽出したオイルは昔から民間療法で使われてきた。

カバノキの樹皮を巻いてバケツに入れたもの。これを熱してバーチタールをつくる。

性と展性を備えたパテ状にすることができる。耐水性のある接着剤およびシーリング材として利用価値が高く、はるか昔の先史時代から数々の用途で活用されてきた（第3章を参照）。

バーチタールの薬用品としての地位は突出しており、「100の病に効く薬」ともてはやされてきた。[42] とりわけ殺菌、消毒、鎮痛、解熱などの作用があると言われる。考古学上の証拠から、バーチタールが非常に古くから使われていることと、数千年にわたって「噛み薬」として使われてきたらしいことがわかっている。イタリアのアルノ川上流で見つかった史上最古と思われるバーチタールは、なんと紀元前25万～26万年前のものの可能性がある。[43] また、ドイツのインデ川流域で見つかった約12万年前の82点の人工物からも少量のバーチタールが検出された。いずれの人工物も、一般にネアンデルタール人の時代と考えられている中期旧石器時代につくられたものだ。こうした考古学的証拠と再現実験を合わせ、一部の研究者は、バーチタールは人間の手による「最初の合成製品」であり、火の制御だけでなく「複雑な認知」のプロセスも実証するものだろうと結論づけている。[44]

新石器時代の先祖たちはバーチタールをたびたびつくっていたようである。ドイツのケーニヒスアウエで見つかった約5万年前のタールの塊は長方形をしており、先祖たちがこれを成形したことがわかる。一方、ドイツやスカンジナビア半島など北ヨーロッパの湿地で見つかった前期中石器時代（約9000年前）のタールには歯型がくっきりとついており、人々がバーチタールを噛んでいたことを示している。スウェーデン南部のブーケベルグで見つかった先史時代の遺物からは、この時期の人々が松脂という別の「チューインガム」も使用していたことがわかる。[45] 大昔のバーチタールについた歯型から、噛んでいた人の多くは6歳から15歳の子供だったと判断できる。おそら

液体のバーチタールには、薬、燃料、接着剤、防水剤、皮革その他の素材の防腐剤など、さまざまな用途がある。

く、ぐらぐらしている乳歯を抜けやすくするためか、単に痛みをやわらげるためだったのだろう。[46] しかし、時代がはるかに下ったイナリ・サーミ族は、また別の目的でカバノキの樹皮とタールを使用したと考えられる。彼らは、歯と歯茎を消毒するため、あるいは歯科疾患や咽頭炎（ネパールでも樹皮を噛んで治療する）や咳などの症状を治療するために、カバノキの（抗菌作用のある）化合物を求めていた。咳を止め、歯と歯茎をよい状態に保つためにカバノキの樹皮を噛み、歯が痛いときはバーチタールか松脂の塊を噛んだり歯に擦り込んだりしてきた。さらに興味深いサーミ伝統の歯痛治療は、冬にカバノキの枝についている蛹を温めて幼虫を取り出し、それを虫歯に押し当

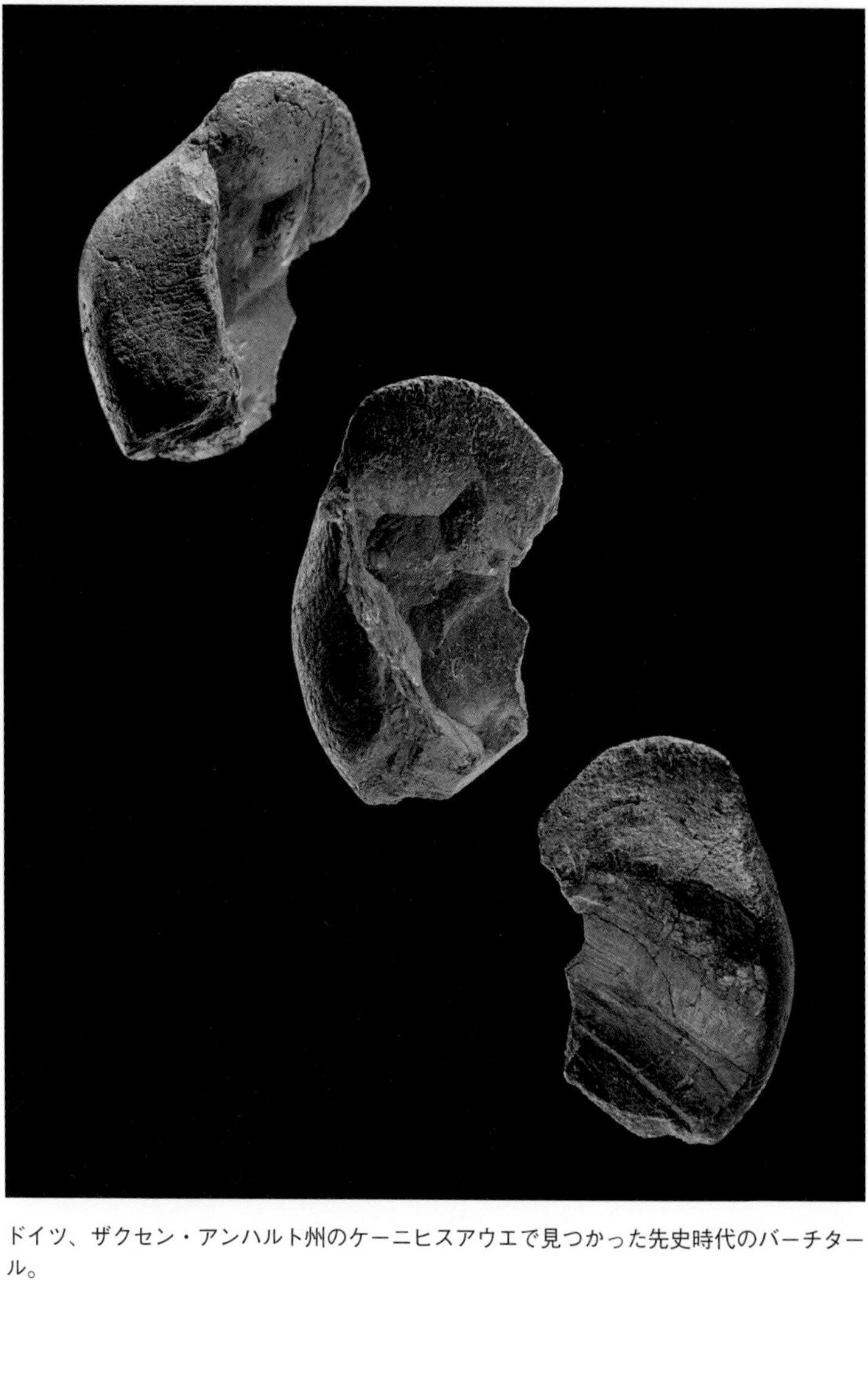

ドイツ、ザクセン・アンハルト州のケーニヒスアウエで見つかった先史時代のバーチタール。

てるというものだった。言うまでもなく、こうすることで昆虫が木から吸収した化合物を利用したのである。[47]

北ヨーロッパとロシアの民間療法で重宝されたバーチタールは、駆虫剤として動物にも使用されたほか、人々や家畜を蚊その他の刺咬昆虫から守るためにも利用された。タール水溶液は作物を病気から守り、害虫を予防するために、農地に散布された。馬の鼓腸症の治療と畜舎の消毒にもこのタール水を用いた。またロシアでは、真っ赤な燃えさしにバーチタールを垂らして発生させた煙で家を消毒していた。[48] 一方、サーミ族はタール水を熱した石に流して発生させた蒸気を吸い込んで咳の治療とし、松脂かバーチタールでつくった「タール水」をリウマチの薬として飲んでいた。傷口を閉じるのにもタールを使った。

バーチタールはとりわけ湿疹、乾癬、疥癬、何らかの皮膚炎、真菌感染症、および傷、痛み、潰瘍、火傷などの皮膚症状や皮膚病の治療に取り入れられている。第二次世界大戦中には、バーチタールを含む軟膏「ヴィシュネフスキー軟膏」がこうした目的で広く使用された。この製品は現在でも製造されている。今日ではオイル、石鹸、シャワージェル、シャンプーなど、ほかにも多くのバーチタール製品が皮膚症状の治療用に販売されており、ロシア、リトアニア、ウクライナが主な輸出国となっている。こうした製品はどれも、バーチタールが表皮の再生を促し、抗炎症・かゆみ止め作用を発揮すると謳っている。研究によれば、バーチタールをはじめとするタール類には、一時的にDNA生産に働きかけることで皮膚細胞の過剰な生成を抑制し、皮膚の成長が正常な状態に戻るよう促す作用がある。[49] これは、過剰な皮膚の蓄積が問題となる乾癬などの皮膚病を患う者にとって大きな意味を持つ。[50] キハダカンバとカラフトシラカンバ（学名B. pendula subsp. mandshurica）の樹皮のエキスを使用した臨床試験では、マウスの乾癬のような疾患と皮膚炎のような疾患に対して、類似した効果と皮膚炎症の減少が観察された。[51] バーチタールに含まれるサリチル酸塩（サリチル酸とサリチル酸メチル）には剥離作用があり、角質を取り除くのに役立つ。

バーチタールなどのタールを肌に長期間使用することの安全性については、皮膚がんのリスク上昇などを引き合いに出して懸念が唱えられてきた一方で、「乾癬患者を中心に、タールは薬用に広く利用されてきたが、タール製品の局所使用が……皮膚がんや内臓がんの原因になるという疫学的証拠はない」との結論も出ている。[52] しかし、含有される多数の化合物に目を向けると、むしろその逆かもしれない。タールは、がんの予防や治療に役立つ可能性がある。バーチタールやカバノキの樹皮には、いくつもの有用な化学物質を含有する生体化合物が含まれる。最近の科学研究はこれら

バーチタールを配合したロシアのフケ予防シャンプー。

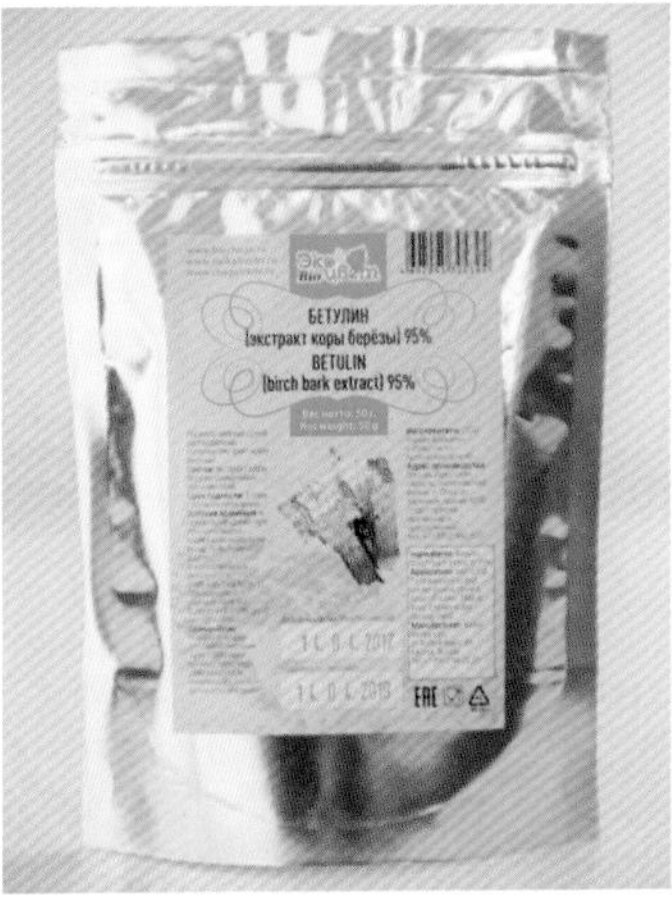

カバノキの樹皮から抽出した純度95パーセントのベツリンのパック。

に注目しており、カバノキの伝統的な薬効を（少なくとも部分的に）解明するだけでなく、手強い医学的難題に太刀打ちできる新薬の原料としての可能性を切り開いている。なかでも関心を集めているのは、トリテルペノイド群に属する化合物である。とくにベツリンという、樹皮の乾燥重量の約30パーセントを占め、シラカンバに真っ白な樹皮をもたらす物質、およびベツリン酸という、量は少ないがベツリンから容易に抽出できる、幅広い生物活性を備えた物質に注目する人が増えている[53]。

　実験室で行った実験から、こうした化合物には驚くほどの抗がん作用があるとわかった（とくに水溶性を高めるよう加工した場合はその傾向がいっそう強まる）[54]。乳がん、肺がん、結腸がん、前立腺がん、皮膚がん、白血病、神経芽細胞腫、骨髄腫、神経膠腫、卵巣がん、子宮頸がん、甲状腺がんを含む、多数の異なるタイプの腫瘍の転移を抑制するとともに、そうした腫瘍細胞を殺すこともできるが、正常な細胞には害を及ぼさない[55]。ほかの特性としては、抗菌性、抗真菌性、抗マラリア性、駆虫作用、抗酸化作用、抗炎症作用がある。この抗炎症作用を活かし、民間療法では関節炎などの炎症性疾患の治療にカバノキを使用することも一般的である。シダレカンバとその亜種であるカラフトシラカンバの葉と樹皮のエキスを使用した動物実験では、リウマチ性関節炎の患者に有効だと思われる抗炎症作用と、骨関節炎で生じる軟骨退化の抑制作用が認められた。さらに、肝臓と胃を守る作用も報告されている。[56] 同様に興味深いのは、その抗ウイルス性である。単純ヘルペス、エプスタイン・バー、C型肝炎の各ウイルスに対する活性が示されたほか、ベツリン酸とその派生物質はとりわけ抗HIVウイルス活性を示している。[57] さらに、最近の研究によれば、ベツリン（生物学的により活性度の高い化合物の貴重な前駆物質）はコレステロールと脂肪酸の生成を抑制し、食生活が原因の肥満を減らし、体がインスリンの生成を調整するのを助ける可能性がある。血管中の脂肪性沈着物のサイズを安定させ、小さくする働きが見つかったため、2型糖尿病を含む代謝性疾患の治療法として提案されている。[58]

肌に関しては、とくにベツリンの含有率が高い樹皮のエキスに肌のバリア機能を強化する特性が認められ、乾燥対策に有効な可能性があると評価されている。[59] 多くの化粧品と洗面用品にはベツリンかベツリン酸が配合されているうえ、ベツリン酸の派生物質は紫外線によるダメージの予防にも有効かもしれないと報告されている。いささか皮肉なことに、林業では現在、カバノキの樹皮は経済的に有意義な用途のない、低価値の廃棄物とみなされている。しかし、現在ほんの少量しか出回っていないベツリン、およびスベリン（ろう質の有機化合物）など他の化学物質を、薬・化粧品用の医薬品製造に限らず、幅広い工業・農業用途に向けて大量かつ低コストで供給するために、この廃棄物から工業規模で抽出してはどうかという案もある。試算によれば、年間約20万トンのカバノキのパルプを製造する製紙工場からは、約４０００トンのベツリンを抽出できるだけの樹皮廃棄物が出るという。[60]

カバノキに含まれる化学物質は、カバノキに寄生するほかの生物にも見つかる。ベツリン酸は、ほかの多彩な化合物とともに、注目の多孔菌類であるカバノアナタケ（学名 Inonotus obliquus）に含まれる。一般的には「チャーガ」（古代スラブ語で「唇」を意味する「gaga」から派生したと考えられる）と呼ばれるこの白色腐朽菌は、北半球の寒冷地域の森林でほぼカバノキの幹だけに寄生して大きくなる。[61]ごつごつとした奇妙な見た目を持つ腫瘍のようなこぶで、不規則な形で黒ずんでおり、ひび割れた硬い外皮で覆われている。そこから、「シンダーコンク」［「燃え殻状のサルノコシカケ」の意］、「クリンカーポリポア」［「焼塊状の多孔菌」の意］、ノルウェーでは「腫瘍のような多孔菌」を意味する「クレフトシューケ」などと呼ばれる（シベリアでは「シュルタ」とも呼ぶ）。ぎっしりと詰まった木質の菌糸体は、植物に似ている。それが樹皮を破って盛り上がってくるわけだが、その見た目が黒ずんでいるのは、大量のメラニンが存在するからである。内側はコルクのような硬さで、黄褐色にクリーム色の模様が入っている。成長の速度は遅いが、直径が最大40センチとかなりの大きさになり、取り除いたあともまた生えてくる。最終的に、宿主の木は感染から20年ほど経つと枯れ、その後チャーガも子実体から胞子を放出して枯れる。チャーガエキスを水に溶かしたものは、いまだにキノコがよく利用されているロシア、北ヨーロッパ、中国を含むアジアの一部において、何世紀も前から民間療法に使われてきた。胃腸疾患（潰瘍や胃炎など）や結核を含むさまざまな病気と各種の皮膚病に効き、空腹、疲労、痛みを緩和する万能薬とされている。[62]

カバノキの幹に生えているチャーガ（学名 Inonotus obliquus）。アメリカ、マルケット。

ハンティ族、ネネツ族、コミ族、セリクプ族、エヴェンキ族、エヴェン族、ヤクート族などのシベリアの民族は、昔から健康のため、およびさまざまな病気の予防や治療のためにチャーガ茶を飲み、炭のように焼いたチャーガを入れた水で体の洗浄と消毒を行った。サハリンと北海道のアイヌ族と同じように、お清めのためにチャーガ粉末を焚く伝統もあった。しかし、チャーガについて最もよく知られているのは、古くからロシアと北ヨーロッパでがんの治療に利用され、有害な副作用もないということかもしれない（16世紀初めから記録がある）[63]。アレクサンドル・ソルジェニーツィンの半自伝的小説『ガン病棟』（新潮社、１９７１年）で、主人公のオレグ・コストグロトフがチャーガに触れることは有名である。がんを患っていたオレグが「想像できる最大限の喜びといえば、何か月も森をさまよい、この『チャーガ』を切り取って砕いたものを焚火の火で煮出してその汁を飲み、そして動物のように元気になることだった」。小説には田舎の老医、セルゲイ・マスレニコフも登場し、次のように考察する。

> 　彼のところにやってきた農民にがんを患っている者はおらず……（彼らは）お茶の代わりに「チャーガ」、あるいはカバノキのキノコと呼ばれるものを飲んでいた。……ロシアの農民が、がんとは何か知らないまま、その治療に何世紀も前から使用してきた「チャーガ」と同じものだろうか？[64]

　1970年にノーベル文学賞を受賞したソルジェニーツィンは、スターリン主義的な労働収容所で数年を過ごしたあと、ウズベキスタンのタシケントでがん病棟に入院した。ソルジェニーツィンはこのキノコの効果に驚いたそうで、おそらく自らも悪性腫瘍の治療に役立てるために摂取したと考えられている。

　チャーガの化学組成は、薬用成分として、また最近ではおしゃれな「スーパーフード」サプリメントとしてほとんど伝説的な地位を確立し、膨大な科学文献で取り上げられている。製造方法やチャーガの生育地によってエキスの化学成分は異なるが、実験室での研究では、ラノステロール、イノトジオール、エルゴステロールなどの化合物が実際に原発性腫瘍と二次性腫瘍の増殖を抑制できることが示された。効果はとくに初期段階において顕著で、このような化合物は宿主細胞を傷つけることなく病的細胞を選んで殺し、同時に生体防衛力を高める。免疫システムを強化することで、

1991年に南チロルの氷河から発見されたアイスマン「エッツィ」(5300年前のミイラ)が携行していた2片のカンバタケ(学名 Fomitopsis betulina)。

体がきつい化学療法と放射線治療に耐えるのを助ける——痛みをやわらげ、食欲を高める——だけでなく、インフルエンザやエイズなどのウイルス性疾患を抑えることもできるようである。抗酸化作用と抗炎症作用のほか、変異原性疾患を予防する特性も認められている。[66]

チャーガの伝統的な摂取方法は、砕いたりすり潰したりして粉末にしたものを煮出し、お茶として飲むというものである(熱湯によって堅いキチン質の細胞壁に包まれている化学物質が溶け出す)。薬効の最も優れたチャーガは、過酷な環境条件に耐え、紫外線と氷点下の気温(シベリアの一部ではマイナス50℃になる)に定期的にさらされた木で取れるとされ、その薬効のある化学物質はこのような条件と、キノコが宿主であるカバノキの防衛システムを突破する努力の結果として生じたのだろうと言われる。確かに、発酵による培養を試みた実験では、木がなければその生物活性物質の一部しか生成されないことが示されている。[67]

チャーガ市場はアジア諸国からの大きな需要を受けて拡大し、インターネット販売と健康食品店を通じて製品が流通

カバノキの老木に生えているサルノコシカケ科の硬いキノコ、ツリガネタケ（学名 Fomes fomentarius)。スコットランドのクライゲラヒ国立自然保護区。

するとともに、多種多様なチャーガ製品が登場している。シベリアの森林からは大量のチャーガが採取されているということである。[68]

薬効があるのはチャーガだけではない。別の多孔菌であるカンバタケ（学名 Fomitopsis betulina）は、カバノキと関連が深いことからこのような学名と通称がついており、大昔から珍重されてきた。近年発見された有名なアイスマン「エッツィ」は、5300年前にアルプス山脈のイタリア・オーストリア国境、エッツ渓谷で殺された男性のミイラである。身に着けていたものを細かく調査したところ、エッツィはカンバタケの小片ふたつを凝った飾り房がついた革製のサンダルの紐に通して携行していたことがわかった。[69]死亡時の健康状態を詳しく調べると、鞭虫（学名 Trichuris trichiura）という内部寄生虫の卵が消化管に見つかり、その感染が判明した。カンバタケはポリポレン酸という鞭虫を殺す効果のある物質を含むため、エッツィがこのキノコを持っていたのは感染症の治療のためだったのだろうと考えられている。[70] 新石器時代には、カンバタケに含まれる化合物が鞭虫症を治療できる「ヨーロッパで唯一の薬」だったかもしれないと言われる。[71] 今日でもポーランドとイタリアでは、依然としてこの目的でカンバタケを使用しているようだ。[72] エッツィの胃は、慢性胃炎や消化性潰瘍、胃がんなどの胃疾患を引き起こす可能性のある「ヘリコバクター・ピロリ」という細菌にも感染していた。これに関しても、ボヘミアで胃の疾患と直腸がんの治療に使用されてきたというカンバタケが役立ったと考えられる。カンバタケに含まれる化合物（ベツリン酸を含む）には、抗がん作用、抗ウイルス作用、抗炎症作用、抗菌作用があると示唆されているからである。実際、18の細菌株に対して試験を行った10種の多孔菌のうち、カンバタケは「最も活性が高かった」という報告がある。[73] また、カンバタケのお茶には疲労緩和と鎮静の効果があると報告されている。[74]

カンバタケは、かつて外科医や理髪師がカミソリの刃を研ぐのに使っていたため（ほかにも興味深い用途はいろいろあるが）、一部では「レザーストロップ」［革砥のこと］という呼称のほうがよく知られている。また収斂効果があるため、小さく切ってギプスや包帯のように使用することもできた。エッツィは、死の数日前に負った多数の小さな傷に加えて右手に深い傷を負っており、それが治癒していなかった。このキノコは、矢が刺さって動脈を損傷した致命傷の出血を止めることはできなかったが、それより軽い傷を治療するのには使われただろう。

エッツィの革ベルトに縫いつけられた小袋には、フリント石器や骨角器と一緒にサルノコシカケ科の別のキノコ、ツリガネタケ（学名Fomes fomentarius）を使った物資が入っていた。ツリガネタケは北半球に分布し、通常はカバノキに生えるキノコである。数千年前から、乾燥させたそのままの形で火を運ぶのに使っていたことが知られており（同じく非常にゆっくりとくすぶる乾燥カンバタケでも火を運ぶことができる）、着火用の優れた火口《ほくち》、「アマドゥ」に加工されたものには、衣服をつくるなどほかにも魅力的な用途がある。また、成長するにつれて形が似ることから「フーフポリポア」［「ひづめ型の多孔菌」の意］という名でも知られ、カンバタケと同様に薬としても利用された。手で加工して詰め綿のような硬さにしたものは、昔から傷や火傷に対する止血剤および吸収力のある包帯として使われてきた。矛盾しているように思えるかもしれないが、焼灼《しょうしゃく》に使うこともあり、その場合は火をつけてくすぶっている間に、痛みを取り除きたい患部や臓器に最も近い肌に直接あてた。エッツィの場合、このキノコの用途は火口だったのだろうと専門家は結論づけている。

多孔菌類は、世界各地の先住民の宇宙論をめぐる信仰や霊的信仰に登場する。アメリカ先住民の平原インディアンは、多孔菌には霊的な力と不思議な守護力が宿っていると考えたため、シャーマンが使う薬として採用し、聖なる衣服に取りつけ、病気から身を守るネックレスとして身に着けた。[75]カンバタケとツリガネタケは、ヨーロッパとシベリアの神話でよく聖木とみなされるカバノキを主な宿主とするため、エッツィがこうしたキノコを実用性に優れた薬——おそらく新石器時代のサバイバルキットの重要アイテム——としてだけでなく霊的な目的で携行していた可能性も考えられる。

最近でも、カバノキと医療は結びついている。樹皮が白い一部の種の木材はキシリトールの重要な原料である。キシリトールは水にとける結晶質の白い物質で、ショ糖と同じくらい甘いが、カロリーは40パーセント少ない。[76] 食べると冷涼感があり、現在、世界中で利用されている。口腔の健康管理に加え、ダイエット用その他の食品、医薬品、化粧品・洗面用品（保湿剤や整肌剤として）での使用、および糖尿病患者向けには砂糖の代用品としての使用が推進されている。[77] 大部分のキシリトールはチューインガムに使われ、この用途での使用量は２０２０年までに16万３０００トン、価格にして10億米ドル強になると見込まれる。[78] この物質（炭水化物で糖アルコールの一種）は、毎日、体内において代謝の過程でつくられるが、多くの野菜や果物にも含まれる（商業規模で抽出するには量が少なすぎるが）。キシリトールを得るには、合成の出発原料であるキシランを豊富に含む、繊維が多い木質の植物原料を化学的に処理する。小麦、カラス麦、米、トウモロコシなどの穀物はどれもキシランを豊富に含むが、カバノキとブナをはじめとする一部の広葉樹も同様である。今日では、トウモロコシの穂軸と木材パルプを主原料としてキシリトールが生産されている。ヨーロッパ最大のキシリトール生産者であるデュポン社は、主に繊維・製紙用の木材パルプ製造から派生する「廃棄物の流れ」を有効利用しているが、同社が現在使用するパルプの約95パーセントはカバノキに由来し、残りは広葉樹のほかの種となっている。カバノキは主にオーストリアの森林から調達し、そこにドイツ、チェコ、スロヴァキア、ハンガリー、およびEU内のほかの地域からの材木が加わる。アメリカでは、同社が使用する木材パルプは主にカバノキに由来するが、カエデ材が使用されることもある。[79]

木材チップを亜硫酸水素マグネシウムとともに約１５０℃で「調理」して分解すると、生パルプが分離され、「黒液」とも呼ばれる廃棄物が残る。ここから「木糖」、つまりキシロースを抽出し、接触水素化によってキシリトール（専門用語では「多価アルコール」または「ポリオール」）に変換したあと、結晶化によって精製する。

キシリトールは、19世紀後半にドイツの化学者がブナの木材チップから抽出し、またフランスの化学者が小麦とカラス麦の藁から抽出したシロップ状の物質の中に確認されたのが初めてである。精製法は1930年代に発見されていたが、広大なカバノキの林が広がるフィンランドも含め、各国で砂糖不足を受けて代替甘味料の模索が本格化したのは、第二次世界大戦の時期になってからである。このときにキシリトールの工業生産プロセスが発展し、業務用甘味料としての発展に道が開かれた。

戦後、まず模索されたのはキシリトールの薬用としての可能性だった。フィンランドで初めて歯科分野での用途に関する研究が行われた1970年代までは、主に生産国（とくにドイツ、ソ連、日本）で糖尿病患者用の甘味料および点滴での栄養補給に使用されていた。[80] キシリトールはブドウ糖に比べてGI（グリセミック・インデックス）値が非常に低く、体内にゆっくりと吸収され、インスリンに依存しないため、血糖値の急上昇を招かない。キシリトールの大量生産はフィンランドで1975年に始まった。キシリトール入りのチューインガムが誕生した年である。1970年代に行われた研究では、ほかの糖と比べたキシリトールの歯垢に対する効果が注目された。[81] ショ糖やその他いろいろな甘味料とは異なり、キシリトールは発酵に対する耐性が高く、口腔内で虫歯の原因となる細菌のエネルギー源にならない。つまり、キシリトールを使うと虫歯が大幅に減る可能性がある。また、定期的に摂取することで、エナメル層の再石灰化を助ける可能性が示された。そのため、キシリトール入り製品は虫歯予防と歯垢形成の抑制策として長期的に使用するとよい、として大々的に宣伝されてきた。

しかし、効果の真偽については疑問の声も上がっている。さまざまな研究が、再石灰化に関する主張は証明されていないと結論づけている。[82] 虫歯予防の点では、キシリトールはソルビトールなどほかのポリオールより優れているわけではないか、またはフッ化物と同等にすぎず、虫歯予防効果はキシリトールによるのではなく、単なる咀嚼行為とその結果としての唾液分泌促進を受けて口腔内の微生物がつくり出す酸性環境が中和されることによるものだという説もある。[83]

真実がどうであれ、キシリトールは細菌、真菌、酵母を含む微生物作用によってもつくり出せる以上、このようなバイオテクノロジーを利用した生産方法によって、いずれカバノキの使用は過去のものになるかもしれない。

第3章　実用的なカバノキ——暮らしに役立つ素材

人々はこれまでカバノキのあらゆる部分を利用してきたし、今日でもそれは変わらない。北国の寒く湿った森では、カバノキの樹皮が燃えやすいことは貴重な発見だったに違いない。この木は油分を多く含むため、他の燃料に点火するための天然の火口になるのだ。木から剥いだ外樹皮の小片を刃物でこすって毛羽立たせ、表面積を増やすと、湿っていても簡単に着火し、すばやく燃え上がる。イギリスのレイ・ミアーズなど現代のサバイバル術の達人や森に詳しい人は古来の伝統から多くを学んでおり、カバノキの火口としての利用価値を高く評価するとともに、火おこしを「未開の地における樹皮の一番の使い道」とみなしている。[1]

中世のイギリス、ノーサンバーランドでは、ウィリアム・ターナーが1551年の著書『新本草書 *A New Herball*』に書いているように、漁師が夜間の漁の際に、「木の棒の割れ目」に詰め込んだカバノキの樹皮片に火をつけて魚をおびきよせていた。[2] アメリカの森林先住民も同じ方法を使っていた。長さ1・5～2メートルの棒に折り畳んだ樹皮を取りつけて火を灯し、それをカヌーの船首

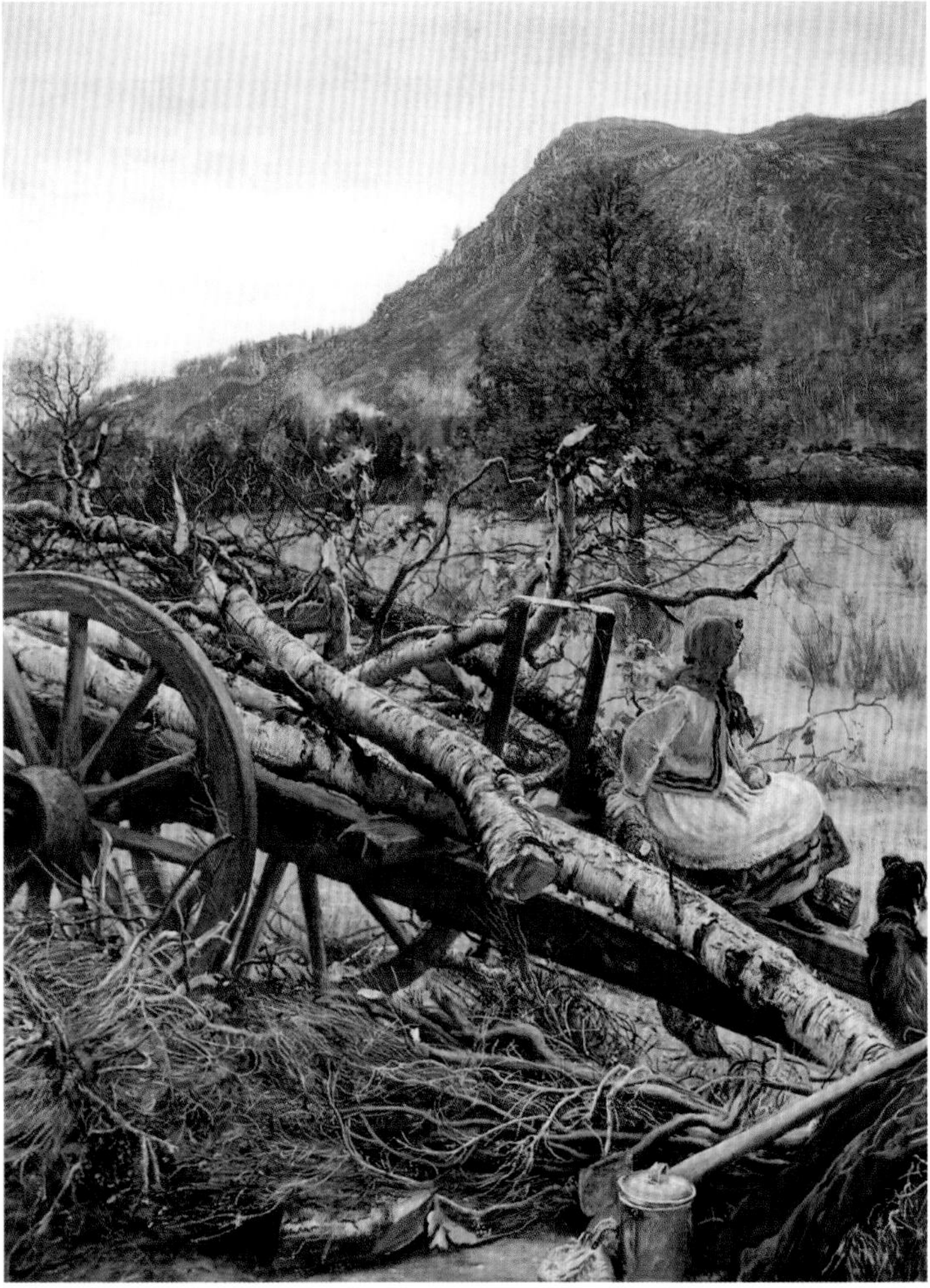

ジョン・エヴァレット・ミレイ『冬の燃料』、1873年、カンヴァスに油彩。

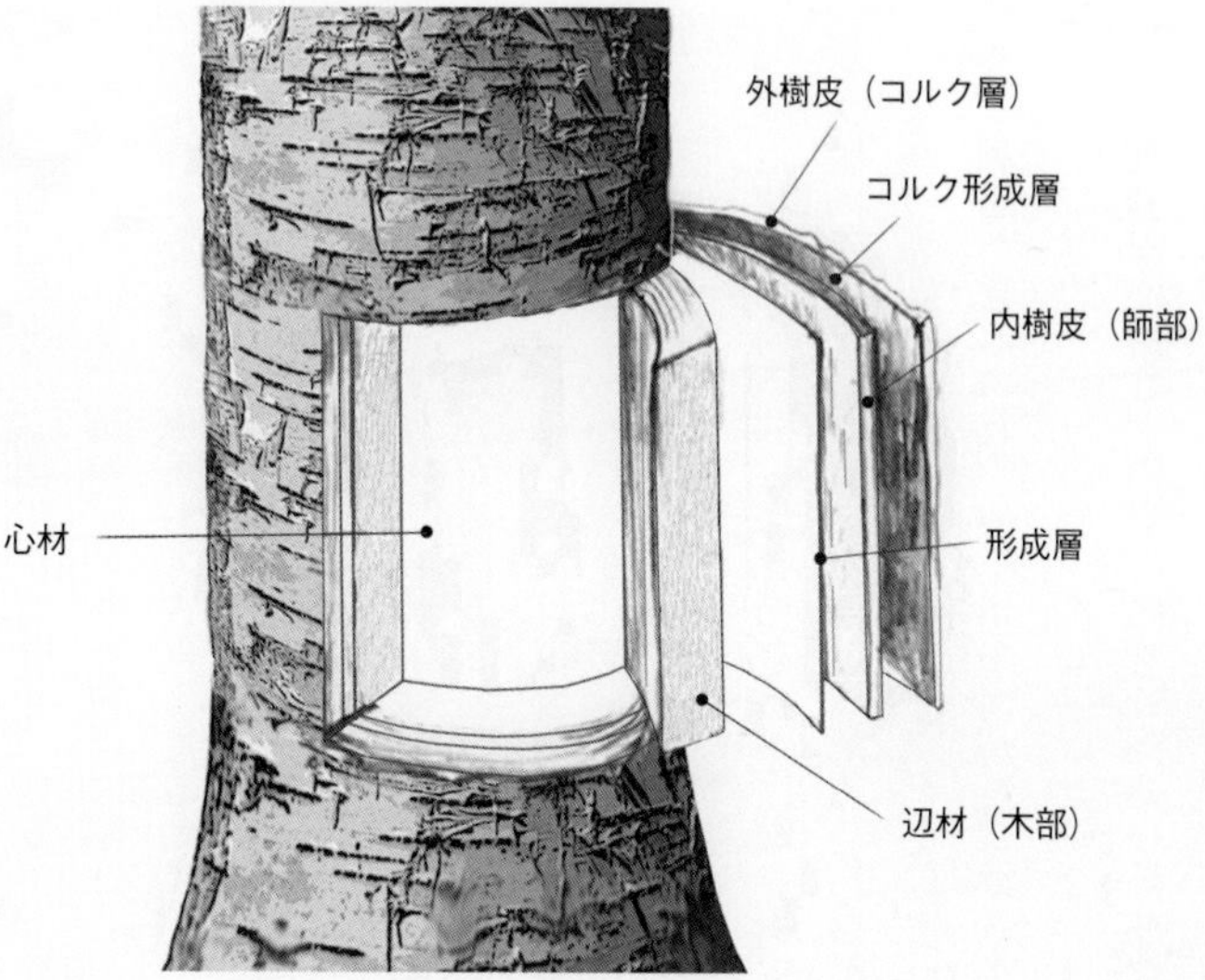

樹皮の層を示した幹の断面図。

に設置して夜間の漁の明かりとしたのである。カバノキの樹皮を使ってさまざまな種類の松明もつくられた。たとえば、ブリティッシュコロンビア州北西部の針葉樹林が広がる土地に暮らすギックサン族やウェットスウェッテン族、およびオジブワ族（チペワ族とも呼ばれる、カナダとアメリカ北西部で文化的なまとまりをなすアニシナベ族の一部族）は、樹皮を筒状または角のような円柱状に丸めた松明をつくった。その中には一晩中燃えつづけるものもあった。[3] 一方、スコットランドや北ヨーロッパのほかの地域の人々は、カバノキの樹皮を「縄のような形」にねじり、ろうそく代わりに使っていた。[4]

しかし、この万能な樹皮という素材は、広大なカバノキの分布域で暮らす人々にほかにも多くの用途を提供してきた。水上をすばやく移動する手段をもたらし、住居の防水性を高め、バスケットや容器、道具類、衣服、楽器、通信手段、食品などあらゆる必需品の原材料となったのだ。カバノキの樹皮が重宝された秘密は、主にその構造にある。簡単に言うと、便宜上、樹皮はコルク層とも呼ばれる「外」樹皮と「内」樹皮とに分けられる。毎年、コルク層の内側にある薄い細胞の層であるコルク形成層が外樹皮の新しい層をつくる。木が成長して大きくなるにつれ、外樹皮の最も古い部分は自然に剥がれ落ちていく。コルク形成層の反対側には内樹皮（師部）があり、葉が光合成で生成したものを木のほかの部分に分配する。この内樹皮は樹皮全体の最大75パーセントを占める。内樹皮は、その下の木部（辺材）との間を隔てる維管束形成層によって層状につくられる。木部も維管束形成層によってつくられ、土壌から水分と養分を葉に運ぶ。

適切な時期に適切な技術を用いれば、外樹皮は生きている木から比較的容易に剥がせる。しかし、内樹皮を傷つけたり木を枯らしたりしないように、この作業は慎重に行わなければならない。もちろん、倒木や朽ちた幹を切って樹皮を円筒状に剥がすこともできる。樹皮は、平らにのばすか丸めた状態で何年間も保管できるが、細い樹皮片を除き、使用前には水に浸すか温める必要がある。一般に外樹皮は、剥いでさらに薄くやわらかい層に分けることができる。この層は、ベツリンと撥水性の高い化合物であるスベリンとを豊富に含み、際立った耐腐敗性を発揮することから、多目的に利用できるのだ。何千年も前から、カバノキの樹皮を使ってさまざまなバスケットと容器がつくられてきた。アイスマンのエッツィはこのような入れ物をふたつ持っていた。側面に樹皮の円筒状の部分を使用し、円形の底をシナノキの靭皮繊維で縫い付けたものである。一方には摘み取ったばかりのノルウェーカエデ（学名 Acer platanoides）の葉と、炭の小片がいくつか入っていた。このように包むことで、エッツィは燃えさしを何時間も持ち運び、必要なときにあおいで火をつけることができたのだろう。軽くて丈夫なカバノキの樹皮の容器は、エッツィが見つかった現場に近いイタリアのトレント自治県でいまもつくられており、地元の伝統的工芸品として5000年以上も生きつづけている。[5]

スカンジナビア諸国ではカバノキの根もバスケットづくりに使われてきたが、樹皮の利用の歴史も長い。青銅器時代の若い女性、「エクトヴィズガール」は、ドイツ南西部生まれと考えられるものの、約3500年前にデンマークに埋葬された。遺体の頭部のそばには、青銅のピン、千枚通し、ヘアネットが入ったカバノキの樹皮の丸い容器が見つかった。足元には、ビールのようなもの（小麦、ハチミツ、セイヨウヤチヤナギ、ガンコウランからつくられたもの）が入った容器が置かれていた。[6] 18～19世紀のスカンジナビア諸国では、樹皮の容器に嗅ぎたばこ、お茶、コーヒー、たばこ、塩、バターを入れて使うことが一般的だった。風味が移らず、水分を保ちつつも、同時に不要な水分は逃がすという点が、この容器の大きな利点だった。樹皮を望む形に折り、木製の釘で留めたり、根で縫ったりすることで、このような用途に合わせた多数の容器やバスケットがつくられた。シベリア北西部では、セリクプ族、ネネツ族、ハンティ族の女性がいまでも樹皮を採取して縫い、このようなバスケットをつくっている。ハンティ族の間では、女児の後産を入れて密封した樹皮の入れ物をカバノキに吊るし、少女たちが樹皮をたくみに使えるようになることを願う伝統があった。[7] ロシアのほかの地域でも、また北ヨーロッパと東ヨーロッパのカバノキの森に覆われた地域でも、カバノキの樹皮は相変わらず広く活用されている。

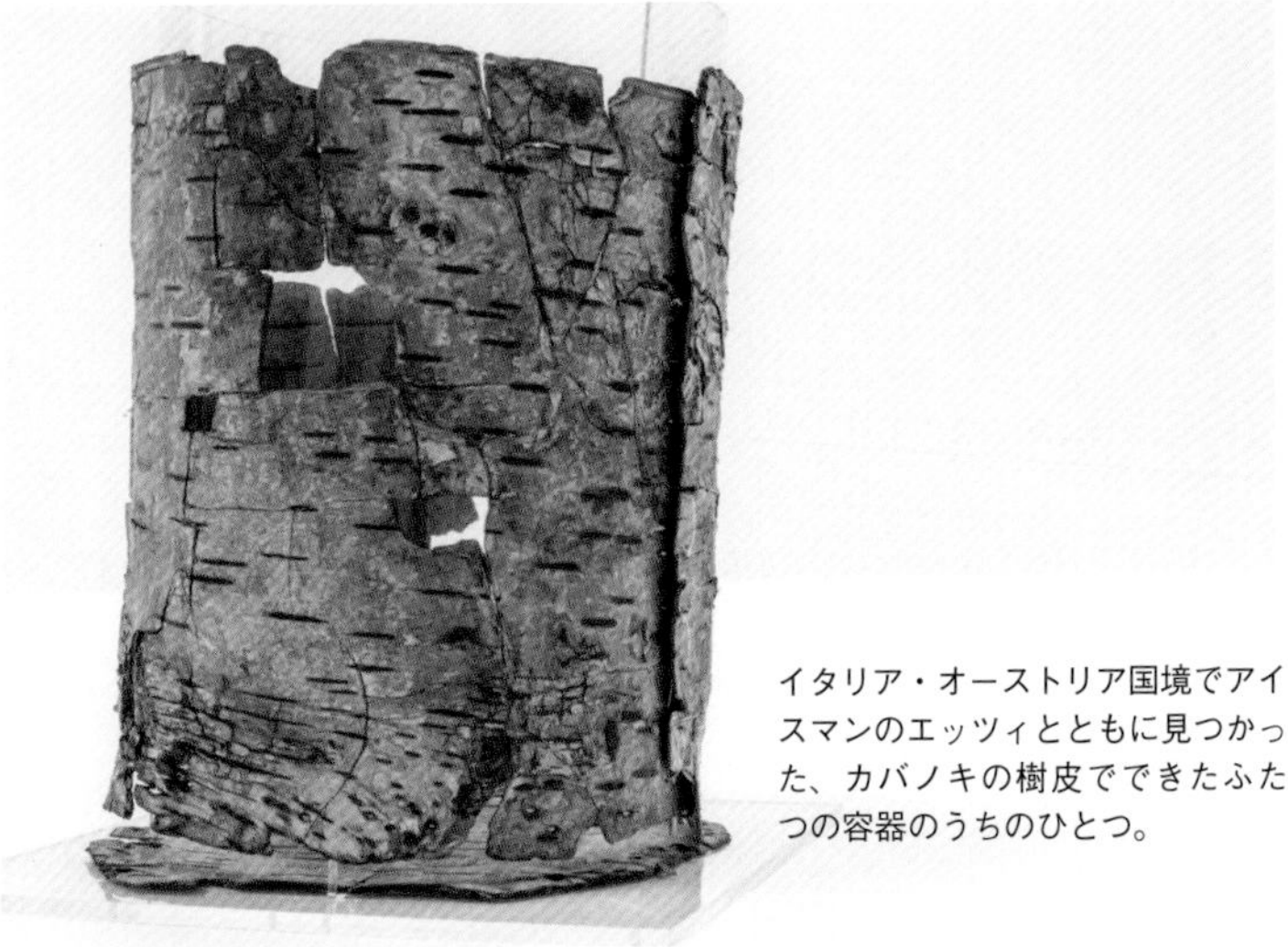

イタリア・オーストリア国境でアイスマンのエッツィとともに見つかった、カバノキの樹皮でできたふたつの容器のうちのひとつ。

寒帯と亜寒帯のアメリカ先住民は、伝統的にカバノキその他（ニレ、ツガ、ヒバなど）の樹皮をさまざまな用途に利用してきたことで知られる。とくにアメリカシラカンバの樹皮は、多くの部族の物質文化において重要な位置を占めている。軽くてやわらかいのに丈夫なため、シンプルなトレーやお皿、レードルやスプーン、保存用の箱、飲料用のカップ、バケツ、料理用の鍋など、ありとあらゆる家庭用品がつくられ、ワイルドライスのもみ殻のより分け、食料（豆、ベリー類、トウモロコシ、肉、動物の脂、魚を含む）の運搬や保管、儀式用品や医療用品の収納などさまざまな用途に使用された。とくに有名なのは、昔から五大湖上流域に住んでいるアニシナベ族がつくる「マカクーン」という容器である。これは、装飾としてビーズやヤマアラシの針毛、ときにはパターンやステンシル（噛んで正確な刻み目を入れた薄い樹皮でつくる）をあしらい、縁をへぎ板や草で補強したものが多い。温めた樹皮を（外樹皮を内側にして）器用に折って形にしたのち、

シベリア西部のビストリンカで、セリクプ族の女性が伝統的なバスケットづくりのためにカバノキの樹皮を剥ぐ。

穴を開けて「ワタープ」という紐で縫ってつくる。柔軟で丈夫な「ワタープ」には、伝統的にトウヒやヒバなど各種針葉樹の根をはじめとする植物の繊維を使う。皮を剥いでから水に浸し、蒸すか茹でるかして折り曲げられるようにするのだ。「マカクーン」はよくできているため、カバノキの樹液やシロップなどの液体、甘味料と調味料に使われるメープルシュガーなどのとけやすい製品を入れておくことができた。固形の砂糖を入れた小さな円錐形の容器は赤ん坊のクレードルボード「赤ん坊を背負うために用いた木枠」にぶら下げられ、大きな樹皮のじょうごは保存用に熱い脂を袋代わりの膀胱に注ぐ作業などに使用された。松脂や樹脂で隙間をふさいで完全に防水仕様にしたものは調理にも使われ、鍋を燃やすことなく中身を温められるよう、火から十分離して吊るされた。あるいは、水の入った樹皮の容器に熱した石を入れることで、容器内の食品を調理する方法もあった。

図柄を描いたカバノキの樹皮のバスケット。1890年頃にアメリカ、メイン州で、パサマクォディ族の文化的指導者であるサバティス・トマによってつくられた。

アラスカのアサバスカ族も同じように樹皮を利用してきた。樹皮がやわらかく加工しやすい春や初夏につくった多種多様なバスケットで、食料を採取し、調理し、保存する。ロシアを含む世界各地でその使い方を観察した民族誌学者たちは、「樹皮の特性は、中身がなんであろうと腐敗を防ぐこと」だと指摘する。樹皮に含まれる化合物には保存効果があるのだ。[8] たとえば肉、魚、ベリー類は、容器に詰めて蓋を縛るか縫うかして密閉し、地下の涼しい貯蔵所に置いておけばよかった。[9] ブリティッシュコロンビア州などでは、ティッシュペーパーのように薄いが強靭で耐久性に優れた樹皮の層が食品包装に使用された。また、地下に掘った穴はカバノキの樹皮で内側を覆い、蓋をすれば、中に入れた食料を長期間よい状態に保つことができた。同じような習慣はネパール西部にもあり、ヒマラヤカンバ（学名 Betula utilis）の樹皮が穀類の保存に使われている。[10]

バーチバーク・バイティング（折り畳んだカバノキの樹皮を噛んで模様をつくる複雑なアート）を手がけた最後のアーティストのひとり、クリー族のパット・ブルーダラーが制作した「花畑」。

抗菌性・抗真菌性のある化合物を含むバーチタールは、カバノキの樹皮に備わる保存性をさらに効果的な形で発揮する。ギリシャ北部で見つかった新石器時代の土器からは、約7000年前に多孔質ではない――つまり防水層を加える必要がない――水差しの内側にタールが塗られていたことがわかる。[11] ロシアではかつて発酵飲料の保存容器や保存袋をバーチタールで処理することが一般的だったが、それは保存のためだけではなく、独特のスモーキーな風味をつけるためでもあった。

カバノキの樹皮は食べ物や飲み物の保存に役立っただけでなく、食品として食べるものでもあった。食べたのは外樹皮ではなく赤みを帯びたコルク状の内樹皮（師部）で、その特殊な細胞はでんぷんを蓄え、春には水分と養分を木のすみずみまで運ぶ。アメリカの人類学者フランク・グールドスミス・スペックは、20世紀初めにラブラドール半島とケベックのモンターネ族（現在のインヌ族）について述べた文章の中で、「アメリカシラカンバの内樹皮は……ときどきダイエットによいものとして、すりおろして食べられる」と述べた。[12] サスカチュワン州のクリー族とチペワイアン族も樹皮を食べていた。またこの習慣は、現在のカナダ、モントリオール近辺にかつて暮らしていたアルゴンキン系部族の名前、「アディロンダック」の由来になるほど意義深いものだった。1500年代後半に初めて使用されたと考えられるこの名は、イロコイ系部族のモホーク族が使った表現に由来し、「彼らは木を食べる」を意味する。この表現は、ほかの食料が不足しているときに木の樹皮を食べるという、アルゴンキン族の習慣を指すとされる。[13] 樹皮は季節の食べ物で、繊維が少なく糖分が多い春に収穫された。大木の内樹皮が最も甘いとされ、生で食べたり――子供の好きなごちそうだった――乾燥させて粉に挽いたりした。多くの木々の食べられる内樹皮は、かつてさまざまなアメリカ先住民にとって季節限定の重要な炭水化物源だった。[14]

西に目を向けると、ベーリング海の向こうのカムチャツカ半島では、カバノキの樹皮を「細麺のように」細長く切って乾燥させたものを保存食にしていたという報告が19世紀にあり、また別の地域では「粉末にし」たものを「チョウザメの卵と合わせて売っていた」という。[15]

スカンジナビア諸国では、昔からカバノキの樹皮を食べていたに違いない。かつてヨーロッパアカマツ（学名 Pinus sylvestris）の内樹皮を主食としていたサーミ族は、カバノキの樹皮も食べて

乾燥させたカバノキの内樹皮を挽いた粉。

いた。[16] 1キロあたり1000～1200カロリーの栄養組成があると言われるカバノキ粉は、スカンジナビア半島のほかの地域でも18世紀から19世紀初めにかけて、不作で深刻な食料不足に見舞われた際に穀類の粉を補うために役立った。カール・リンネは旅行中に、樹皮粉を求める「農民が広く樹皮を採取したせいで木が枯れた森の悲惨な状況」を憂慮したと言われる。[17] 現在、ライ麦粉や小麦粉に樹皮粉を少し混ぜたパンが、スウェーデンの専門のパン屋でふたたび製造されている。

　樹皮とその製品であるタールは、直接に食料とはならなくても、食料を得るための装備の一部として役立ってきた。銅器時代（青銅器時代の始まりを画す後期新石器時代）のエッツィが使っていた武器と道具を見ても、バーチタールが有効活用されているのがわかる。木製の矢の先端につけられたフリント石器と、斧（この種のものとしては唯一の出土品である）の貴重な銅製の刃は、どちらもバーチタール

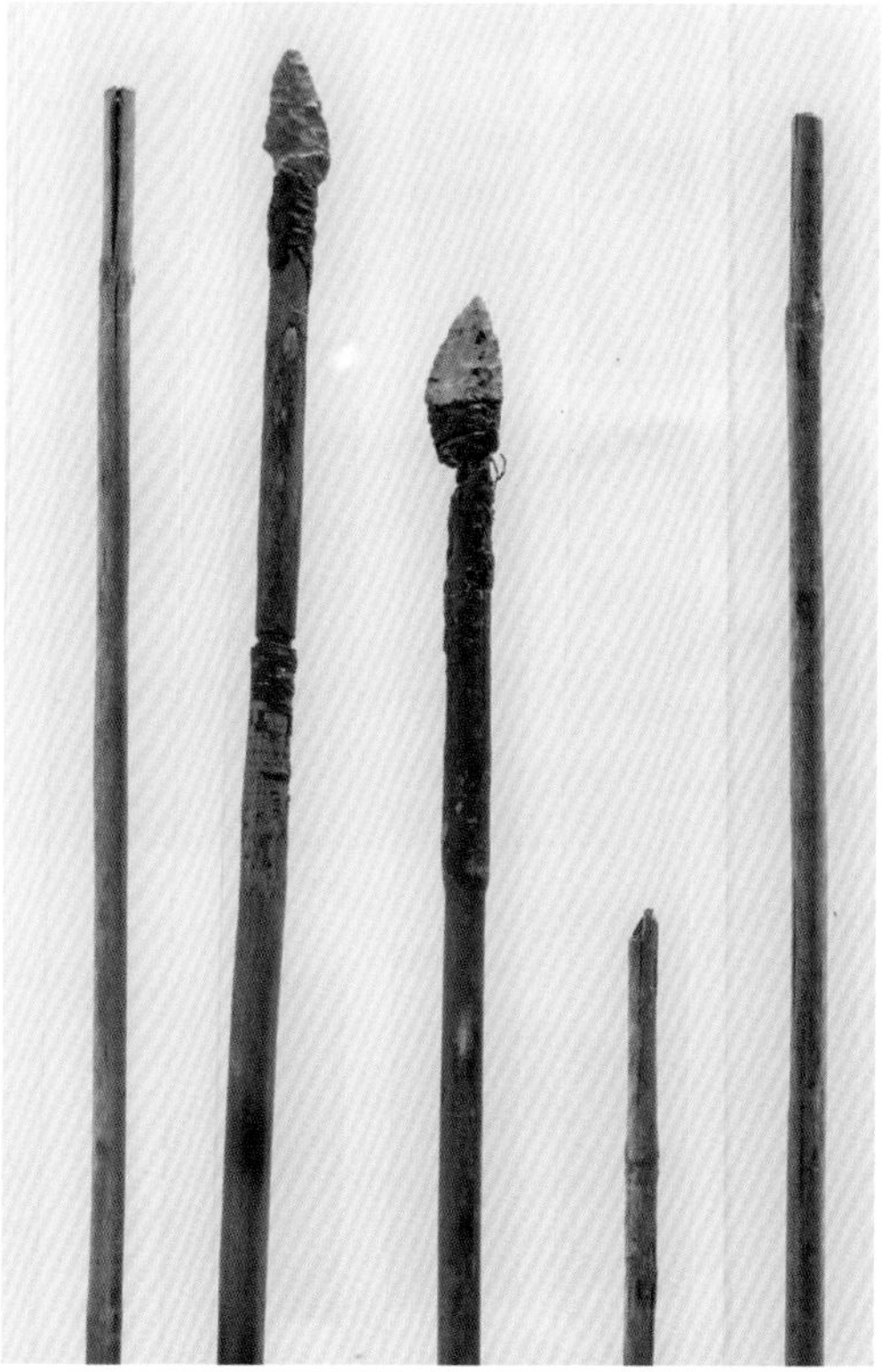

エッツィの矢の先端につけられたフリント石器と斧の銅製の刃は、バーチタールで柄に固定し、継ぎ目を閉じてあった。

エッツィの斧。

で柄に接着されており、加えて斧の刃は革紐で、矢尻は植物の繊維でしっかりと縛りつけられ、矢の後端の矢羽根もバーチタールと植物の繊維で固定されていた。タンニンが豊富でベツリンを含むバーチタールは、接着剤に限らず効果的な保存料としても重要だった。かつては、荷馬車の車輪の車軸からフェンスやボート、住宅まで、あらゆる種類の木製構造物に防腐剤として塗られていたほか、漁網やロープの保全にまで幅広く使用されていた。バーチタール油は燃料としても使われたため「ロシアの石油」とも呼ばれ、第一次世界大戦前にはライフル用の油脂としてイギリス陸軍に支給された[18]。

一方、アメリカ先住民はカバノキの樹皮をたくみに矢筒に変身させ、また樹皮を前腕に巻き付けることで射手の腕を保護するアームガードとした。円錐形に巻けば、ヘラジカ、シカ、鳥の鳴きまねを大きく響かせ、狩りでこうした動物をおびきよせることができた。「効果抜群」だというカナダのカバノキの樹皮製ヘラジカ用呼び笛は、いまやインターネットで購入することができる[19]。ヨーロッパではとくに20世紀の幕開け頃まで、スカンジナビア半島からアルプス山脈、カルパチア山脈などの山岳地帯の牛飼いや羊飼いにとって、カバノキの樹皮がホルンやトランペットに似た楽器をつくるうえで重要な役割を果たした。一般には、山の牧草地で草食動物の群れを呼んだり、クマやオオカミを追い払ったりするために使われたが、ほかにも遠く離れたところへメッセージを伝え、牛飼いや羊飼いにとっての年間行事や宗教行事を知らせるのにも使用され、やがては楽器へと進化していった。

牛飼いや羊飼いがこの楽器で奏でた代々伝わるメロディーや即興のメロディーは、地方や国の民族音楽の伝統を形成したり、その発展で大きな役割を担ったりすることになった。また、少なくともふたりのクラシック音楽の作曲家、ヨハネス・ブラームスとジャン・シベリウスの作品にも影響を与えた。[20] こうした楽器の多くは現在でも使用されていたり、復活したりしている。長い歴史の中で最も単純なものは、樹皮を丸めてつくった楽器である。フィンランドでは、樹皮でつくったトランペットやクラリネット、バグパイプが使われてきた。[21] くりぬいた木に樹皮を巻きつけた楽器もある。たとえば、長さが3メートルにもなる「トレンビタ」は、ウクライナ、ポーランド、スロヴァキア、ルーマニアにまたがるカルパチア地方の羊飼いが伝統的に使用してきた楽器で、死去、葬儀、婚礼などの知らせを10キロ以上離れたところへ届けることができた。この音色はウクライナの民族音楽の中でいまでも聞くことができ、2004年のユーロビジョン・ソング・コンテストの受賞曲にも使われた。[22] スイスでは、「ビュッヘル」（トロンボーンやラッパの管に似た管を備えたアルペンホルンの一種）の演奏の長い伝統が受け継がれているが、現在ではカバノキの樹皮の代わりにラタンが巻かれている。ノルウェーでは、「ルール」または「ネヴェルルール」という伝統的な牧畜用の楽器（アイスランドのサガでは、敵や敵軍を脅かすための戦争用の楽器として描写されている）が、スウェーデンのよく似た楽器「ネヴェルルール」と同様、いまだに製造され、使用されている。[23][24] 一方フィンランドのカルヤラ地方（フィンランド／ロシア国境）で牛飼いが使う伝統的な楽器「トロピッリ」は、クラリネットに似た構造をもち、先端にカバノキの樹皮をきっちりと巻いて円錐状に形づくることで音を増幅させる。カバノキの樹皮を使ったほかの楽器もフィンランドの現代の音楽家によって見直されている。[25] フィンランドで中世から使われてきたカバノキの樹皮のラトル［振っ

カバノキの樹皮をトウヒの根で縫い留めた伝統的なヘラジカ用呼び笛。
ケベックでアルゴンキン族のアーティスト、ハンク・ロジャーズが製作。

カバノキの樹皮を巻いた木製アルペンホルンの一種、「トレンビタ」。カルパチア山脈に暮らすフツル族の伝統的な楽器。

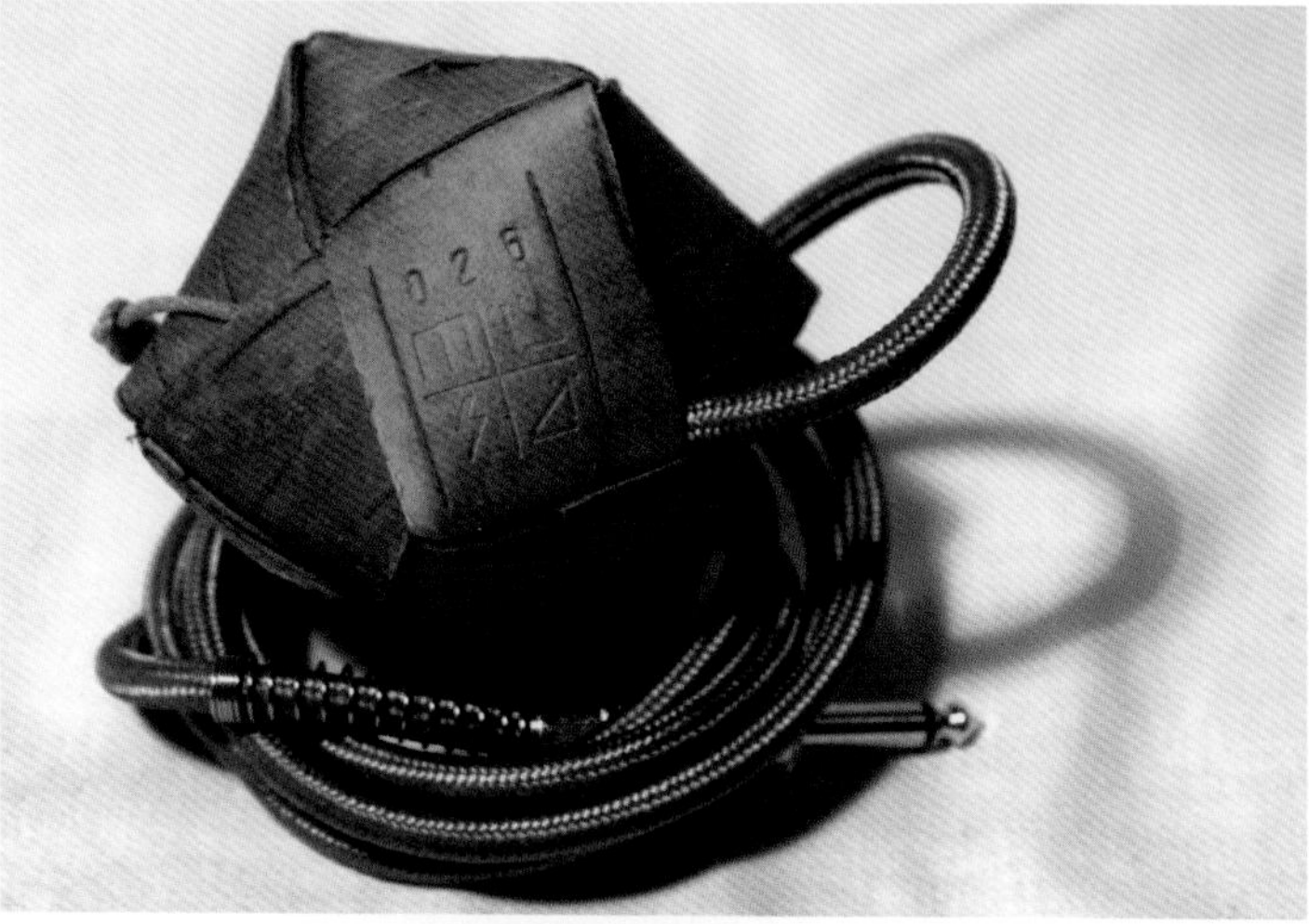

フィンランドでユハンナ・ニュルヒネンが製作した現代の打楽器「ラパボール」。カバノキの樹皮を手編みした電子シェイカーである。

て音を出す打楽器」を意外な形で改造したものが、カバノキの樹皮を編んでつくった「ラパボール」である。現代的な打楽器として音を出すために使うことも、中にマイクを入れて音を豊かに膨らませることもできる。[26]

アメリカ先住民の生活に特徴的なものに、儀式用の樹皮製ラトルとならんで、火をあおる、病を追い出し病人を癒すために居住空間を清めるなど、さまざまな目的に合わせてつくられた扇があった。羽根をあしらった装飾的な扇は持ち主の地位や家系を示した。ダンスやお祓いの儀式、医術的な儀式に使用される扇には深い霊的な意味があった。オジブワ族は細長く薄い樹皮片をウィグワム［アメリカ先住民の伝統的なドーム型住居］の外に吊るし、風に吹かれてヘビのようにうねる動きで死者の霊を追い払おうとした。[27] カバノキの樹皮の特性は衣料品にも適していた。たとえば北東部の森林地帯に暮らすアベナキ族が着用していた、羽根や動物

カバノキの帽子をかぶったマリ族の女性を描いた手彩色の版画（1820年頃）。

の毛房を先端に飾った独特のとんがり帽子がその例である。ヨーロッパでもカバノキの帽子が使用されていた証拠がある。ドイツのバーデン＝ヴュルテンベルクで見つかった埋葬品の豊富な墳丘墓は、紀元前530年頃のケルトの族長のものと考えられており、発掘調査では男性がカバノキの樹皮の帽子を身に着けていたことが明らかになった。その約1300年後にも、布や動物の皮で覆い、貝やビーズやコインで飾った円錐台形のカバノキの樹皮の帽子は、ロシアのヴォルガ＝ウラル地方に暮らす（かつてはチェレミス族とも呼ばれた）マリ族の女性の民族衣装に見られる。[28]

この軽量な素材は雨から身を守るために重宝され、北国の多くの文化でこの防水性が利用された。19世紀ヨーロッパの人々と、おそらく北アメリカの植民地支配者が着用していた帽子としての用途は、スコットランドの植物学者、造園家、霊園設計家、著作家、編集者であるジョン・ロウドンによって、その著書『イギリスの高木と低木 *Arboretum et Fruticetum Britannicum*』に記録されている。この中でロウドンは、アメリカのメイン州ではアメリカシラカンバの薄い樹皮片が「防水のため」に帽子の頭頂部にあしらわれており、それが「ラップランドで……ヨーロッパのカバノキの樹皮」を使ったのと同じようなやり方だったと述べている。[29] かつてサーミ族は樹皮で軽量ながら防水性のある衣服をつくり、ケープのように肩にかけていた。サーミ族も、ほかの多くの民族と同じようにカバノキの樹皮でブーツやゲートルをつくり、雨で脚が濡れないように靴の内側に履いていた。

カバノキの樹皮の採取権が法律で規定されるようになったノルウェーでは、脚をぬらさないためにカバノキの樹皮を脚に巻く習慣から「Birkebeinerne」という言葉が生まれた。これは文字どおりに訳すと「カバノキの脚」となる（現在では一般にビルケバイネル派のことを指す）が、もとも

クヌート・ラーセン・バークスリエン『王子を抱えてスキーで山を駆けるビルケバイネルたち』1869年。

とは靴が買えないほど貧しい人々を侮辱する表現として使われたと言われている。この名前は、1130～1240年の内戦中に政治権力と王位継承者の指名権を主張する2大派閥の一方の名に採用された（もう一方はバグラー派）。国王ホーコン3世スヴェレソンの死後、直系の跡継ぎであるホーコン4世ホーコンソンはバグラーに命を狙われ、生後18か月で危険な逃避行に連れ出される。ビルケバイネルによって、リレハンメルから安全なトロンハイムまでスキーで山を越えて運ばれたのである。カバノキの森に囲まれた土地では、子供を運び、寝かせるためにカバノキの樹皮のおくるみかバックパックのようなものに入れる伝統があったため、王子も同じようにして運ばれたに違いない。今日、ノルウェーではホーコン4世ホーコンソンの救出劇を記念して、クロスカントリーランニング、マウンテンバイクレース、クロスカントリースキーレース、ロードサイクルレースといったスポーツイベントが毎年行われている。バイクレースとスキーレースの参加者は、ビルケバイネルが運ばなければならなかった子供の重さを象徴する、重さ3・5キロ以上のバックパックを背負わなくてはならない。クロスカントリースキーレースはアメリカ、カナダ、オーストラリアでも開催されている。[30]

雪盲を防ぐ保護メガネの一種として、カバノキの樹皮に前が見えるくらいの切り込みを入れたり、半月形に切って折り曲げたりしたものを着用することもあった。褐色の内樹皮、つまり「靭皮」層を細長く切って編んだ靴は、中世にはフィンランド、ポーランド、リトアニア、ラトビア、エストニアを含む北ヨーロッパと東ヨーロッパの国々で貧しい人の標準的な履き物になった。[31]ウクライナ、ベラルーシ、ロシアでも同様で、この3か国では20世紀になっても一般に使用されていた。地形に合わせていろいろなタイプの靴がつくられた。サイドが浅い靴は水が簡単に抜けるというメリットがあるため、沼地を歩くのに適しており、別のタイプは干し草やほかの素材を詰めることで足をあたたかく保つことができた。ロシアで「ラプティ」と呼ばれる靴は、一般に足と膝下を布で包んでから履き、カバノキやニレやシナノキの樹皮を撚った紐で固定する（ビルケバイネルと同じく、「ラプティ」という言葉も侮辱語として使われるようになった）。フィンランドの農村の女性は、毎年、家族のためにこのような靴を何足もつくった。丈夫で耐久性があり、乾きやすく安価で、短時間でつくれるとあって、この靴の人気が高かったのも不思議ではない。1足で、修理の必要なしに連続16キロ歩けると言われ、この距離が「バーチバークマイル（カバノキの樹皮の1マイル）」を意味

フィンランドでカバノキの樹皮を使ってつくられた現代の靴（virsus）。エーロ・コバネン作。

するようになった。[32]この靴は、今日でもフィンランドとロシアを含むさまざまな国でつくられ、使用されている。シベリア西部のトムスク州では、ジュエリーからパスポートカバーまでカバノキの樹皮を使った伝統的な製品や新たな製品があらためて関心を集めており、いまや「ゴールデン・バーチバーク・フェスティバル」が開催されているが、その中でも樹皮の靴や中底は人気がある。カバノキの樹皮の靴は、シナノキの樹皮でつくったものより耐久性で劣るとされるものの、履き心地がよく治療効果があると言われる。含まれる化合物が「皮膚病と古傷を」治すという説があるからだ。[33]

スラブ系民族が昔から衣類の処理に利用してきたバーチタールの防腐作用は、比類のない品質で評判となるロシアの輸出品が誕生するのに一役買った。ロシアンレザーのことで

1786年のロシアンレザーを使用した現代のキーリング。ロンドンのジョージ・クレバリー社製。

ある。際立った耐久性、しなやかさ、耐水性を兼ね備え、独特の香りをまとった高級レザーは、貴族や陸軍将校が使用したロングブーツ、「サポギ」をはじめとする靴用に珍重された。17～18世紀にはロシアの重要な輸出品となっている。その製造にあたっては、まず皮革（カーフスキンが最高級）をなめすためにカバノキの内樹皮の溶液（伝統ある重要ななめし剤と黄褐色の染料の原料として世界各地で利用）に数週間浸した。ただし、この作業にはトウヒやヤナギも使用された。次に、ほかのレザーの処理とは異なり、バーチタール油を皮革の裏面に慎重に擦り込み、十分に染み込ませた。

この作業は少数の村で専門の職人が行っていたため、タールを使用した複雑で手間のかかる硬化プロセスと、それをロシア以外の土地で再現する難しさがあいまって、ロシアンレザーの神秘的なイメージがつくられた。19世紀になると、ロシアンレザーは少しずつほかの国でも生産されるようになってきたが、必要なバーチタールやオイルは依然としてロシアやポーランドから輸入する必要があった。ほかのオイルを使うこともできたが、品質の証と見なされていた伝統的なバーチタール油の独特の香りをもつものはほかにひとつもなかった。赤や黒に染められ、ときには装飾効果を上げるために「細工された」多彩なロシアンレザーは、さまざまな用途に合わせて製造された。そのひとつ、高級な革張りの椅子は、17世紀から普及しはじめ、とくにイギ

ジョージ・クレバリー社が1786年のロシアンレザーでつくった靴。

リスの空位時代（1649〜60年）にピューリタンから評価された。特徴的な頭の大きな真鍮の釘で革を椅子に固定するこの製法では、ロシアンレザーだけが裂けないように伸ばせるだけの柔軟性と強度をもち、かつその強度を維持することができた。もうひとつの主要な用途は本の装丁だった。ロシアンレザーで装丁した本は、ほかの革であれば問題になるカビと虫による中身への攻撃に抵抗できたためである。1786年にイギリスのプリマス・サウンド沖で沈没したデンマーク船、メッタ・カタリナ号の残骸の下の海底で1973年にダイバーが発見したロシアンレザーの委託品は、いまだにロンドンで靴などの皮革製品をつくるのに使用されている。このトナカイ革の見事な保存状態は、それが厚い泥に覆われていたためだけでなく、200年前に施された入念な前処理とバーチオイル処理の並外れた特性によるものだった。[34]

樹皮は日常の衣類になっただけでなく、死者に対しても使用された。遺体をカバノキの樹皮で包んだり、樹皮でつくった棺に納めたりしていたのだ。これは、オジブワ族やイロコイ族などのアメリカ先住民、およびシベリアの民族に見られた慣習だが、ほかの地域にもあった可能性はある。死者の旅立ちを見守るのに役立ったこの耐久性は、カバノキの樹皮のカヌーという形で、生きている者の生活を助けることにもなった。何千年も前から使用されている、この万能で軽量な工芸品は、デザイン面でも実にすばらしい。トウヒその他の植物の根で結び合わせた木枠にカバノキの樹皮を張った船体の構造は、周囲の環境とそこから得られる原材料の性質に対する作り手の深く詳細な知識を反映していた。カヌーは、ひとり乗りの釣り用や機敏に動ける戦闘用から、50人の漕ぎ手を収容できるものや海でのクジラ狩り用まで、さまざまな目的に合わせて異なるサイズで建造され、「人間がつくりあげたものの中で最も洗練された工芸品」とされてきた。[35] 浅い小川でも漕げるほどに底が広く平らで、危険な急流を下れるほどに頑丈なうえ、障害物を迂回したりふたつの水域の間を移動したりする際は持ち運べるほどに軽かった。ひとり用の小さなカヌーであれば背負うこともできたのだ。

湖や川が入り組んだアメリカ北東部（面積の25パーセントが水域で覆われている）と現在のカナダ、およびアラスカまでの地域に暮らす先住民にとって、カバノキの樹皮のカヌーは最高の移動手段だった。このカヌーのおかげで、生活や交易のために、そして敵対する部族の土地に赴くために、長距離を移動することができた。しかし、カヌーが使用されたのは、適切な種類と大きさのカバノキが育つ地域に限られていたわけではない。先史時代から、先住民の集団は樹皮と完成品のカヌーの両方を木の生育範囲外に暮らすほかの集団と取引しており、ときには急襲を受けてそれらを奪われることもあった。[36] 1500年以降にヨーロッパの交易商人や探検家による実入りのよいビーバーの毛皮取引の発展を支えることになるのは、アベナキ族やワイアンドット族（またはウェンダット族。フランス人はヒューロン族とも呼んだ）など、北東部の森林地帯やカナダ東部に暮らす先住民

2011年にファーディ・グードが建造した、クリー式の「湾曲した」カバノキの樹皮のカヌー。

のカヌー製作技術だった。こうした部族は、当時最も先進的な交易を行い、大きく頑丈なカヌーを作ることで知られていたのである。17世紀半ばにセントローレンスと五大湖下流域で起こった残酷なビーバー戦争の影響は大きかった。宗主国は先住民と同盟を組み（オランダ、次いでイギリスがモホーク族およびイロコイ連盟のほかの部族と、そしてフランスがウェンダット族と）、現地の対立関係を利用して土地と毛皮交易の支配権を握ろうとした。毛皮交易は人や動物の大量虐殺と先住民の強制移住を引き起こしただけでなく、通常よりはるかに大型のカヌーに大きな需要をもたらした。実際のサイズははっきりしないが、長さ11・5メートルとも言われる大型のカヌーがつくられ、一度に大量の毛皮を積んで長大な距離を何か月もかけて航行した。[37] １７５０年頃にフランス人が知られるかぎり最初のカヌー工場をケベックに設立すると、フォート・ウィリアムなどのカヌー置き場には大量の樹皮が備蓄されるようになった。[38]

アルゴンキン族の伝統にならって建造されるカバノキの樹皮のカヌーの船首。トウヒの根を裂いたもので縫う。

カヌーをつくるには、樹皮が厚くて穴がなく、できるだけ枝が少ないカバノキの高い成木を選ぶ。アメリカ先住民によく知られていたさまざまな在来種（キハダカンバ、アメリカミズメ、リバーバーチを含む）のうち、とくに好まれたのはアメリカシラカンバだった（自然ななりゆきとして、この種には「カヌーバーチ」という別名がついた）。北アメリカ全域に分布し、単幹の大きく堂々とした木に育つカヌーバーチは、最高で高さ30メートルにもなる。カヌーづくりには、厚さ、強度、柔軟性に優れるというこの大木――かつて諸部族のものだった多くの土地では、いまでは少なくなっているが――の内樹皮の特徴が適していた。このような樹皮は、北部の寒冷な地域でのみ形成される。気温が高ければそれだけ樹皮は薄くなり、防水効果は大幅に下がる。適した木を見つけて切り倒したら、必要な船のサイズに見合った長さの樹皮を採取するために木を切断し、慎重に樹皮を剥がす。内側を下に向けた樹皮を、よれないように平らな地面に広げ、望む形の型を上に置いて丁寧にならす。それから端を上に折り曲げ、サイドの曲面に合わせた間隔で地面に杭を打ち込んで樹皮を支え、さらに曲げてカヌーの形にする。

軽く、裂きやすく、耐久性と強度に優れたニオイヒバ（学名 Thuja occidentalis）は、その頑丈な層状の断面が船首と船尾だけでなく、肋材に最適だった。肋材はカヌーの内側の骨組みとなるもので、形に合わせて曲げたのち、カヌーの全長にわたり間隔をあけて配置されたが、これは手間のかかる作業だった。両サイドの上辺でカバノキの樹皮の端を支える船べりにも、長く成形したヒバ材を使用するのが一般的だった。こうした部材は、サイド中央の高さを上げるために必要な追加の樹皮も合わせ、クロトウヒ（学名 Picea mariana）の根が入手できればそれを裂いてから水に浸してやわらかくしたもので縫い合わされた。これには動物の皮を使うこともあった。内側部分を固定するために使用される縄は、アメリカシナノキ（学名 Tilia americana）かヒバの内樹皮でつくることが多かった。カヌーの内側にはヒバかカバノキの薄い樹皮を張ったほか、大きな樹皮を縫い合わせて座布団かクッションにすることもあった。全体を防水仕様にするため、ステッチのために開けた穴と生じたひび割れはバーチタール（あるいはマツやトウヒの樹脂にクマなどの動物の脂と炭の粉末を合わせ、熱して補強したもの）を使って密封された。外側は、樹皮に線刻やペイントを施すことが多かった。[39] できあがったカヌーは操作性に優れていたが、流れの速い川や、水面下の岩や枝のせいで流れが乱れている場所を高速で下ると、損傷することもあった。ただ、適切な厚みと柔軟性の樹皮が使われていれば、損傷するのは樹皮ではなく木製の肋材のほうで、その修理は容易だった。移動の際は、将来の使用に備えて数年間保管できる樹皮の予備、および縄とシーリング材のタールや樹脂を持っていくことが多かった。カヌーを使わないときは、日のあたらない乾燥した場所にしまうか、岩を重しにして水中に沈めておいた。

文字どおりカバノキの樹皮によって形づくられた、アメリカ先住民の暮らしを象徴するもうひとつのものは、ウィグワムだった。この言葉は、アベナキ族がカバノキの樹皮の住居を指して使う言葉、「wigwôm」から派生したと言われるが、よく似た言葉（カバノキの樹皮を意味する「wigwa」や「wikia」から始まる言葉）はアルゴンキン系のほかの多数の部族も使っている。アベナキ族は、五大湖地域に暮らす北東部の森林文化集団を構成する多数の部族のひとつにすぎない。ウィグワムを使用するこの文化集団には、ほかにオジブワ族、フォックス族、モヒガン族、モヒカン族、ポタ

ジョージ・ハーロウ・ホワイト『カバノキの樹皮のウィグワムとチペワ・インディアン、ラマ（オンタリオ州）のインディアン居留地』1876年、ペン画。ウィグワムは一般にドーム型をしていた。

ワトミ族、ウェンダット族が含まれ、その居住地域は現在のニューイングランドとカナダ南東部から、西はミネソタ州、南はオハイオ川にまで及んでいた。グレートプレーンズの遊牧民族が使用する円錐形のティピーとは異なり、ウィグワムはキハダカンバなどのしなやかな枝や支柱で骨組みをつくり、外周を輪状の構造物で補強した、一般にドーム型の住居である。アメリカシナノキやヒバの縄で縫い合わせたカバノキの樹皮を下から上へと順番に骨組みに縛りつけ、壁と屋根をつくった。ホタルイという植物を編んだマット、毛布、皮などほかの素材を縄や支柱で固定して追加することもあった。ウィグワムは半永久的な構造物で、部分的に解体することができた。樹皮その他の覆いは将来の使用に備えて丸めておいたが、木製の骨組みはその場に残しておいたのだ。この住居を使用することで、数か月間同じ場所に住んで作物を育て、必要に応じて、たとえば狩りの時期や魚の産卵期になれば、小さなグループに分かれて新たな場所へ移動することができた。

The towne of Pomeiock and true forme of their howses, couered and enclosed some wth matts, and some wth barcks of trees. All compassed abowt wth smale poles stuck thick together in stedd of a wall.
8

ジョン・ホワイトが1585年に描いた、アメリカ、ヴァージニア州ポメイオックのアルゴンキン族の居住地。カバノキの樹皮で覆われた建物が見える。

サイズはさまざまだが、一般に幅が約3〜5メートルのウィグワムには、炉を囲む炉床と寝るための一段高くなった部分があり、あたたかく快適に過ごすことができた。

　しかし、冬の間と部族間衝突の時期は、アベナキ族や、モヒカン族を含むアルゴンキン系部族、モホーク族などのイロコイ系部族は、楕円形の大型住居に暮らした。中には長さが60メートルに及ぶ、20世帯を収容できるものもあり、同じようにカバノキの樹皮が壁と屋根に使われていた。こうした住居の中でも、往々にして二重壁の断熱に優れた長屋タイプは永続的な住居となり、柵で囲まれることが多かった。記録によれば、カバノキの樹皮はヨーロッパの植民地支配者に対して住宅建設用、または住宅の防水用に販売されていた。たとえば1680年には、「2枚の樹皮」が五大湖地域のマキナック海峡に面した交易所でシャツ1枚と交換された。[40] 樹皮は、北アメリカ北部の広い範囲で建設資材として利用され、ニューファンドランド島の最東端では、ベオスック族が樹皮を使った住まいに赤土をふんだんに塗ったこともあって個性的な「赤いインディアン」と呼ばれていた。[41] アラスカのアサバスカ族が木製の骨組みを用いて建設した半地下の冬用住居では、コケや芝土が断熱材の役割を果たすとともに、樹皮を屋根に固定した。パキスタン北部でも屋根を葺くために使用され、スカンジナビア諸国では芝土を載せた伝統的な「草屋根」の住居において、強度と柔軟性、それにとりわけ防水性と防腐性に優れた樹皮は防水・防湿層に最適な素材とされた（クレムリンのアーチ型天井の補強に使われたと言われている）。[42]

カバノキの樹皮と芝土でできた屋根は、19世紀後半までスカンジナビア半島の広い範囲で、農村地帯の丸太建築に最もよく使われたものだった。現在の草屋根建築では樹皮の代わりにアスファルトルーフィングフェルトを使用することが多いものの、本来の「緑の屋根」の部材も一部のスカンジナビア住宅であらためて使われるようになっている。外樹皮のシートは、こけら板を重ねるように、内側を一番上にして軒から上に向かって屋根板上に直接並べていき、屋根の棟をまたぐとともに軒側は突き出るようにする。伝統的には2〜6枚で十分だとされているが、上等な屋根には16枚もの樹皮を重ねることもある。およそ30年以上もつと見込まれる樹皮は、2層の芝土の重みだけで

ノルウェーのオスロで、丸太建築の草屋根の下に敷かれたカバノキの樹皮の防水層。

定位置に維持される。この芝土は、質の良い放牧地から分割して切り出されるのが理想である。1層目は草の面を下にして置くのに対し、2層目は草の面を上に向けるため、この2層目の根が下の層まで伸びてしっかりと合体し、やがて理想としては花咲く牧草地になる。

フィンランドの丸太づくりの農家も伝統的に似たような方法で屋根を葺いていたが、カバノキの樹皮のシートに載せた木の柱を屋根の棟で連結し、木の根の縄で縛って切妻壁に固定した。追加の重しとして岩を屋根の上に置くこともあった。草屋根住宅と同じく、近年になってこの伝統は復活しており、古い建物を修復して屋外ミュージアムとして利用している例がある。冬用キャンプの円錐形テントを樹皮やトナカイの皮で覆っていたシベリアのエヴェンキ族やハンティ族と同様、スカンジナビア半島のサーミ族も樹皮の機能を深く理解しており、「ゴアティ」という伝統的な住居を建てる際、柱に樹皮を重ねてから芝土で覆った。北アメリカとヨーロッパの近代のデザイナーがカバノキの樹皮――1平方メートル単位で購入できる――を見直したことで、戸棚、壁、天井の羽目板から、ろうそく立て、ランプシェード、茹で卵立てなどの家庭用品まで、あらゆるインテリア装飾にこの万能な素材が使用されるようになった。

カバノキの樹皮は最も基本的な物質ニーズを満たすだけでなく、思考や信念を記録し広めるためのこの上なく重要な素材を何千年も前から提供してきた。紙である。薄い樹皮のシートは、現存最古の記録用紙に数えられる。並外れた耐久性と耐水性を備えた樹皮は、世界中の多くの文化で利用されてきた。カシミール地方の人々は古代から、ヒマラヤカンバ――サンスクリット語で「bhurja」(「カバノキの樹皮からつくられた、字を書くための紙」とも訳せる)――の薄く光沢のある外樹皮に文章や経典を記録してきた[43]。この中には、インド・ヨーロッパ語族の言語で書かれた現存最古の写本であり、重要な仏教文書の知られるかぎり最初の版だと考えられるものが含まれる。

おそらく1世紀前半にアフガニスタン東部で作成されたこれらの古文書は、接着し縫い合わせて巻物にした幅12～22センチの樹皮の断片からなり、最も長いもので約2・1メートルある。もともとははるかに大量の文書群に含まれていたもので、約2000年前に陶製の壺に納められた時点ですでにかなりもろくなっていたと考えられている。樹皮の両面に書かれた文書には、さまざまな注釈および「スートラ（経）」と「ダンマパダ（法句経）」――ブッダが語ったとされる詩句を集めたもの――が含まれる。カシミール地方は1千年紀前半にヒンドゥー教、および後には仏教の重要な

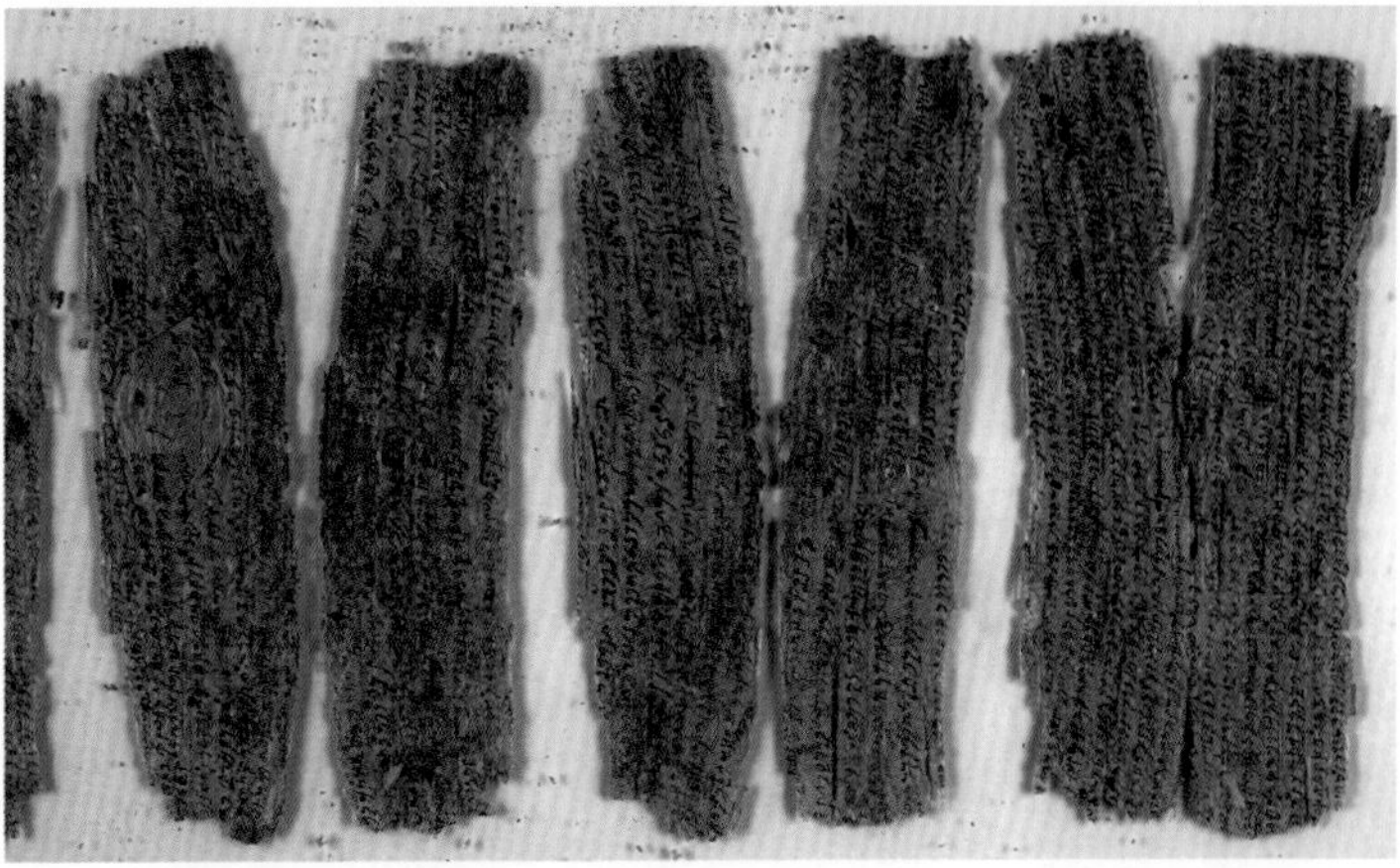

カバノキの樹皮に書かれた仏教文書の断片。1世紀にパキスタン北部とアフガニスタン東部の古代王国、ガンダーラで作成された。

中心地となっていたため、カシミール地方からインドのほかの地域や中央アジアに輸出されてもいたカバノキの樹皮紙（サンスクリット語で「bhurja patra」または「bhoj patra」と言う）がこうした信仰を広めるうえで重要な役割を果たしたと結論づけるのは妥当だろう。[44] 現在では、カバノキの樹皮にサンスクリット語で書かれた初期の文書（ギルギット写本を含む）がいくつか集まっている。インド北部、パキスタン、アフガニスタン、ネパール、中国西部で発見されたこのような古文書の内容は、数学、哲学、医学など多岐にわたる。

ヒマラヤ山麓を美しく飾り、ヒンドゥー教の神々が宿ると考えられているヒマラヤカンバ（学名 B. utilis）は、昔からこの地域では悪霊を追い払うことができる聖樹とみなされてきた。[45] その樹皮はいまでもインドとネパールの一部で聖なる「マントラ」を記し、「ヤントラ」（ヒンドゥー教徒が神々と通信し、さまざまな厄災からの保護を請うために使う神秘的な図）を描くのに使われ、ときにはお守りとして首や手首に巻かれている。カバノキの樹皮に描かれたことで「活力を吹き込まれた」とされる「ヤントラ」だけが厄災を克服できると主張する人もいる。シヴァ神の従者はカバノキの樹皮の衣服を身に着けていると言われていた。[46] ほかの用途としては、バターの包み紙、傘の生地、屋根材、さまざまな薬、水たばこのパイプの内張りなどがある。ヒマラヤカンバの広大な自生域はアフガニスタンから中国西部にまで及ぶため、現在では4つの地域的な亜種が特定されている。[47] 残念ながら、ヒマラヤカンバの聖樹としての地位も、カシミール地方の一部で見られる燃料目的の違法な伐採による樹木の深刻な減少を食い止めてはいない。しかも皮肉なことに、被害はこの地域への巡礼期間中に起こっている。とはいえ、カバノキの群落をよみがえらせるために真剣な取り組みが行われているのは確かだ。

ヒマラヤの反対側、はるか北方では、シダレカンバとヨーロッパダケカンバの樹皮がやはり文字を書くために使用されていた。ロシアの主にモスクワ以西とウクライナおよびベラルーシの各地、とりわけ歴史的に重要なロシアの古都ノヴゴロドでは、1000を超える樹皮文書が発見されており、昔からこの地（および北ヨーロッパと東ヨーロッパ）ではこれが一般的な通信の形であったことを示している。カバノキの森林に囲まれたノヴゴロドは、9世紀半ばまでにスラブ系民族とフィン・ウゴル系民族が住む広大な領域（西はバルト海沿岸地域から東はウラル山脈にいたる）の政治的中心地となり、スカンジナビア半島と東ローマ帝国あるいはビザンティウムを結ぶ中世の主要交易路上に位置していた。最盛期を迎える14世紀には、ヨーロッパでも最大規模の都市にして、芸術・知識・東方正教の中心地となっている。1951年に初めて見つかった樹皮文書は、1400年頃

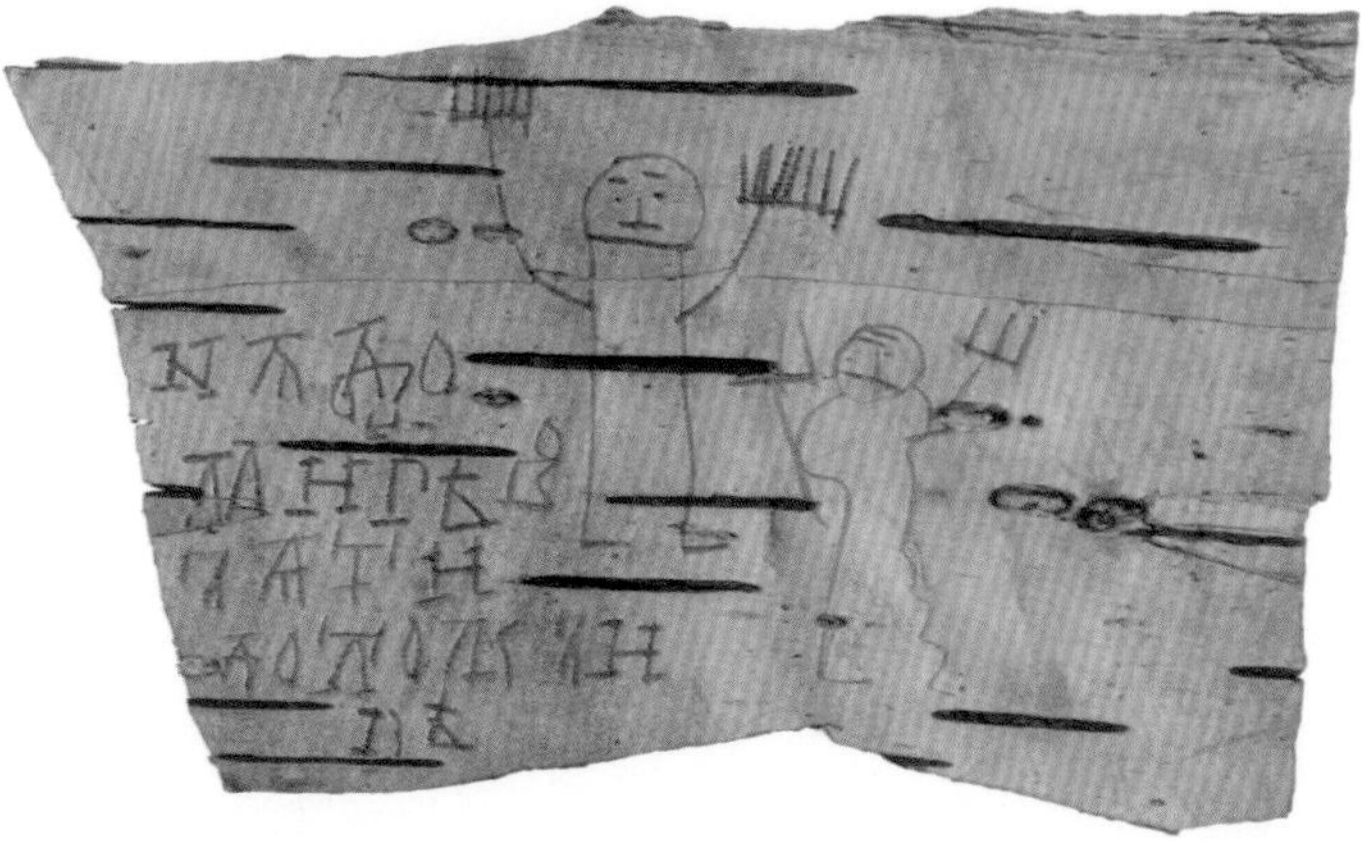

13世紀にノヴゴロドに住んでいた少年、オンフィムがカバノキの樹皮をひっかいて書いた綴りの練習と絵。

のものと同定された。600年にわたって水中の粘土質の土壌に埋まっていたため、すばらしい保存状態だった。文書群は全体としてだいたい12～14世紀のものである。[48]

この文書、すなわち「beresti」は、インクを使わず骨やブロンズや鉄の尖筆で外樹皮の薄くやわらかい層をひっかいて書かれている。大部分が地元の方言で私事や仕事のことを綴った書簡だが、識字能力のレベルがきわめて高かったことを示し、中世の東スラブ人の言語と文化をめぐる推測を覆した。13世紀前半のある文書は、現存するフィン語の文書としては最古のものである。なかでも興味深いのは、オンフィムという少年が1260年頃に書いたメモと絵を含む17点からなる文書群だろう。書きとりをした文章の多くは詩篇からの引用だが、アルファベットや音節の練習もある。絵のほうには、オンフィム自身を空想の動物として描いた絵や馬、矢、騎士が含まれる。[49]

カバノキの樹皮がメモや便箋として広く使われたの

は昔のロシアに限らない。ソ連の弾圧を受けて刑務所に入れられたり強制移住させられたりした人々、とくにシベリアの強制労働収容所《グーラグ》に送られた人々は、ほかに手に入る素材がなかったため、カバノキの樹皮片に手紙を書いて家族に送った。ラトビアとリトアニアからは子供数千人を含む16万7000人がシベリアに送られたが、そのうちわずか9人によって1941～1956年にカバノキの樹皮に書かれた19通の書簡が残り、現在ラトビアの複数の博物館に収められている。また1943～1965年に書かれた24通の書簡も保存されている。[50] ソ連時代の人権侵害とそれにまつわる恐怖を証言するこれらの書簡は、ユネスコの「世界の記憶」プログラムに含まれている。[51] トランシルヴァニア地方では、第一次世界大戦中にシダレカンバの樹皮がポストカードの代用品としても使用された。

数千マイル離れた大西洋の対岸では、アメリカシラカンバという別の種——いみじくも別名をペーパーバーチという——が、北部の森に暮らすアメリカ先住民によって、「地図作成、ウィンター・カウント「冬に一年のできごとを絵文字で記したもの」、薬の調合、部族の歴史」および「カバノキの樹皮の古い覚え歌」と呼ぶばれるものに使われていた。[52] 骨や金属や木の尖筆で書き、強調する部分には炭や赤土を塗りこんである。17～19世紀のヨーロッパの人々は、これを「象形文字」や「紋章」と片付けることも多かった。1624年、宣教師のガブリエル・サガールは次のように記している。

ヒューロン族の町や村にはそれぞれ固有の紋章があり、旅人は自分がそこを通ったことを知らせたいときにはそれを道沿いに掲げた。あるときには……紋章は……紙のように大きなカバ

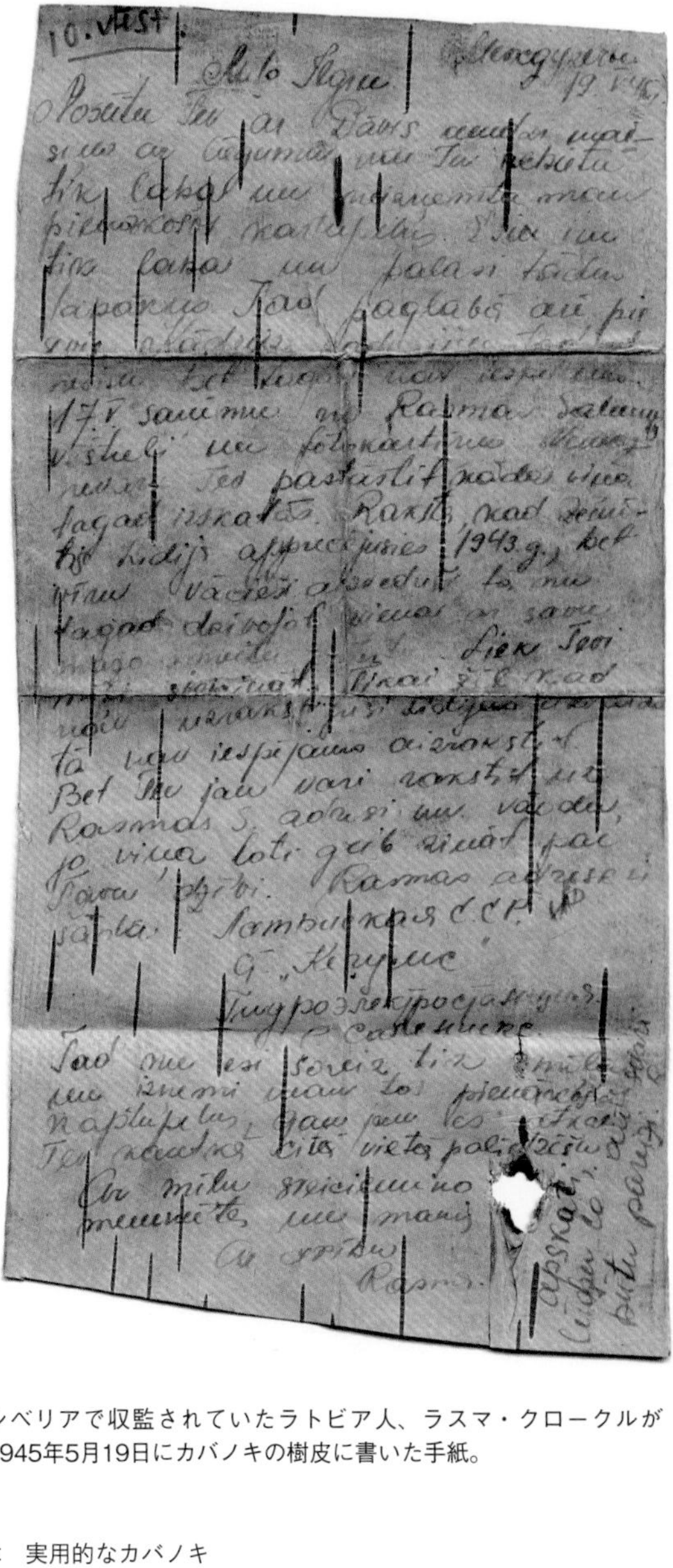

シベリアで収監されていたラトビア人、ラスマ・クロークルが1945年5月19日にカバノキの樹皮に書いた手紙。

ノキの樹皮に描かれた。おおざっぱに描かれたカヌーの輪郭の中に、人が乗っているかのように多くの黒い線が描かれていた。

この標識は、下に重りとして木片をつけ、「少し斜めに傾くよう地面に挿した棒の先に吊るしてあった」[53]。1779年には、デラウェア地方のアメリカ先住民について次のような記述がある。

いくつかの印はインディアンの一団が狩りをしてきた場所を指し、そこで過ごした日数、狩りの間に殺したシカやクマその他の獲物の数を示している。戦士は自分たちの功績や冒険を描くこともあった……。文字については、彼らは象形文字を描く以外に何も知らないが……その文字を読み解く方法はよく知っていた。赤で描かれたこれらの絵は……50年の間消えない。そのためこうした印によって、英雄が死んでもその偉業は長い間記憶されることになる。[54]

オジブワ族が使っていた巻物「wiigwaasabak」は、長さ数メートルにも及び、複数の樹皮を「ワタープ」で縫い合わせてつくられていた。複雑なストーリー、古くからの教え、儀式用・治療用の情報を記録するために使われたもので、図解を加えてこうした内容を記憶に留め、継承していった。首長はときおりこれを書き写し、カバノキの樹皮でつくった円筒形の箱に納めて地下や洞窟に保管した。

これらの中で際立っているのは、「ミデウィウィン」のものである。ミデウィウィンはオジブワ族の治療師の主要な宗教結社または宗教団体で、霊的な治療を施す訓練を人々に授けていた。儀式、儀礼、魔術的な歌を含むその聖なる教えは、大いなる力をもって与えられたカバノキの樹皮の巻物に文字と絵文字で記録された。

「樹皮が普通の紙よりも湿気で傷みにくい」ことに気づいたトーマス・ジェファーソンを含め、ヨーロッパの人々は樹皮紙が自分たちにとってかなり有用な素材だと考えた。[55] 博物学者のフィリップ・ヘンリー・ゴスは1840年に次のように報告している。

　カバノキの外樹皮は多数の薄い層で構成されており、忍耐強く剥がせば紙のように字を書くのに使える。外側の層はほのかなクリーム色だが、内樹皮に近づくにつれて赤みを帯びる。[56]

また、フランス軍の兵士でラオンタン男爵と名乗る人物は、その100年以上前に、「旅行記を書くにあたって、紙がないときにはよくそれを使った」と記している。[57]

北アメリカの最古の地図の中には、アメリカ先住民が探検家や商人のためにカバノキの樹皮に描いたものがある。残念ながら、このような協力は民族の大量虐殺と伝統的な生活様式の消滅を早めただけだった。

樹皮層の下にある木部は万能と言ってもよい素材で、樹皮と同様さまざまな用途に使える。ノーサンバーランドのヴィンドランダ遺跡は、ローマ帝国の最小規模ながら非常に堅固な要塞であり、ハドリアヌスの長城の主要な建設拠点になった場所である。この遺跡の発掘では、目下イギリスで

紀元100年頃に木の薄板に書かれた誕生会への招待状。ノーサンバーランドのヴィンドランダで発見された。

現存最古の手稿「ヴィンドランダ木簡」が発見されている。[58] ２０００年近く前にシダレカンバ、ハンノキ、ナラのごく薄い板に書かれたこの手稿は、ローマの属州ブリタニアの北の辺境における生活について、かけがえのない情報をもたらしてくれる。木簡は２００３年に「イギリスの最高の宝」に選出された。紀元80年代後半には要塞になっていたことが知られるヴィンドランダは、最終的に破壊されるまでに幾度かに分けて建設された。１２０年頃に（地元の部族の動きを統制し、ローマ帝国と周辺の異教徒たちとの交易を調整する目的で）ハドリアヌスの長城の建設が始まったとき、新たな構造物が築かれている（これは駐屯地として機能した）。

木簡は92～１０３年のものとされ、炭とアラビアゴムと水でつくったインクで書かれている。ローマ時代に文字をインクで書いた例としては知られるかぎりでは最も古い。木簡の多くは、司令官の家に近い水に浸かったかつてのごみ集積所で、酸素を含まない堆積物に深く埋まった状態で保存されていた。ほとんどの木簡のインクは消えかかっていたため、赤外線写真が文字を読みやすくするのに役立った。厚さは最大でもわずか３

ミリと非常に薄いため、1973年に初めて見つかったときは木くずだと考えられた。この薄板は地元の木から採られたものである。現在の大判ポストカードくらいの大きさ（20センチ×8センチ）で、中央に刻み目をつけて折ってあり、文章は内側に、宛名は裏側に書かれている。長い文書には、角に穴を開けていくつかの薄板を束ねてある。この「過去からのポストカード」の大部分はラテン文字の筆記体で書かれており、当時の要塞で暮らし、働いていた普通の人々、軍人、奴隷の生活を思いがけず垣間見ることができる。記されている話題は、軍事活動に関連した一連の指示、仕事の当番表、休暇願、正式な報告書のほか、さまざまな交易や職業（医者、靴屋、荷馬車の修理業者など）に関連した非軍事的活動、ビールの注文、紀元100年頃にクラウディア・セヴェーラなる人物から友人スルピシア・レピディナに送られた誕生会への招待状など多岐にわたる。この招待状は、ラテン語で女性が書いたものとしてはこれまでに発見された最古の例と考えられている。無名の兵士に宛てたあるメッセージには、靴下とサンダル、そして「ズボン2枚」を送ったと書かれており、ローマの兵士が気候の厳しい北国で実際にあたたかい恰好をしていた証拠――証拠が必要なら――である。[59] 212年頃にローマとブリテン島北部の部族との闘いが終結すると、軍隊とその家族は同地を離れ、持って行けないものは駐屯地の堀に捨てていった。近年、ヴィンドランダで発見された当時の遺物の中でもとくに注目に値するのは、2016年に出土した421点の靴だといえる。帝国内で発見されたローマ時代の履き物のコレクションとしては最大である。[60]

イギリス内のほかの遺跡から出土した似たような品は、カバノキその他の板に文字を書くことが北の地方で一般的だったことを示しているが、ほかの土地では薄い木片が別の目的に使用されてい

コーンウォール州、テイマー川流域のカルストックで苺を収穫する人々。同地には1920年代に「チップバスケット」工場が建てられた。

た。シベリアのハンティ族は、カバノキを細かく切った紙のように薄い木くずを、いまでも床やものを拭き上げるためや、ゆりかごの吸収層として使っている。北ヨーロッパでは、もともと薄い樹皮を細く切ってバスケットを編んでいたが、かつてカバノキやマツのごく薄い板もバスケットづくりに広く使用されていた。

イギリスのバスケット産業がとくに盛んだったのは、デヴォン州とコーンウォール州の境を流れるテイマー川流域である。花と果物の栽培で昔からよく知られた地域だった。「チップバスケット」と野菜・果物の販売用の四角いバスケットの製造はこの地方の家内工業となり、19世紀後半には、苺などのやわらかい果物やマッシュルーム、トマト、クレソンなどほかの農産物を栽培するイギリス中の農家に供給するため、地域内に複数の工場が建てられたほどだった。地元の森から得られる木材（およびスカンジナビア諸国、カナダ、ロシアからの輸入材）を用い、若い女性たちは作業台で薄板から切り出した細長い木片を折ってバスケットの底をつくると、次にそれを折り上げて側面を形成したのち、ホチキスで取っ手をつけた。1960年代には、いくつもの要素が重なり、専門分野に特化したこの産業は終焉を迎えた。圧縮紙、次いでプラスチックの導入、輸入果物との競争、とりわけ鉄道の廃止が打撃となったのだ。[61]

きめが細かく木目がまっすぐなカバノキ材は、突板に最適である。まさにこの特性がいくつかの専門的な用途につながったが、合板ほどカバノキが得意とする用途はないかもしれない。合板とは、圧力をかけて数枚の突板を接着することで積層板としたもので、軽量で強度に優れ、寸法安定性がある。まさにこの特性によって、合板はスケートボードやスキーの製造から飛行機の建造まで、さまざまな用途に適したものとなった。カバノキの合板を利用したおそらく最も有名な飛行機は、第二次世界大戦中に戦闘機としてイギリスで製造された7781機のデ・ハビランド・モスキートである。

1920年代以降、とくに軍用機の建造には金属が多く使われるようになったが、第二次世界大戦では、乏しく貴重なアルミニウムその他の金属を節約する必要からこの傾向がすっかり逆転した。ほぼ全体が木でできたモスキートの流線形の機体は、低密度のエクアドル産バルサ（学名 Ochroma lagopus）の両面を、耐荷重特性のあるカナダ産カバノキの突板で挟んでつくられていた。この構造はきわめて安定がよく、追加の補強材は必要なかった。飛行機後部のねじり強度は、カバノキの層を対角線方向に積層し、フレームを取り巻いて木目が直角に交わるようにすることで実現した。翼の外層も合板だった。熱帯地方の高温と湿度が木材用の接着剤に問題を引き起こしたとはいえ、モスキートの構造のふたつの大きな利点は、金属よりもレーダーで感知されにくいことと、損傷し

バルサ材とカバノキで建造された万能で高性能な飛行機、DH98モスキート。

てもパネルを張った部分は容易に交換できたことだった。「木の恐怖」と呼ばれたこの飛行機は、設計が非常に優れていることが判明した。[62] 同じく第二次世界大戦中に考案された驚異的なH－4ハーキュリーズについては、「史上最高の航空機製造プロジェクト」かもしれないという説もある。[63] 戦時のアルミニウム不足と軽量化を理由に同じように合板で建造されたこの飛行機は、「スプルース・グース（トウヒの雁）」（設計者のハワード・ヒューズがずっと嫌っていた名前）という誤解を招く俗名で呼ばれた。「バーチ・バード」（カバノキの鳥）という名のほうがはるかに正確だっただろう。

ハーキュリーズは史上最大の飛行艇だった。長さは約66メートル、高さは24メートル近くあり、翼長は97メートルを超えていた。いまだに、実際に飛んだ航空機としては最大級の翼長を誇るこの巨大な飛行機は、ほぼカバノキでつくられていた。当時、英仏海峡で連合軍の船が多大な損失を被っていたため、約750人の兵士や30トン級の戦車「シャーマン」2台などの軍用貨物を、大西

ヒューズH-4ハーキュリーズ。「スプルース・グース」とも呼ばれた史上最大の飛行艇。

洋を渡ってイギリスまで輸送するために設計されたのである。ヒューズの言葉を借りれば、その建造は「壮大な事業」だった。[64] 時代の数十年先を行く飛行機は、ヒューズ・エアクラフト社によって、「デュラモールド」プロセスとして知られる一種の複合技術を用いて建造された。これは何枚かのごく薄いカバノキの層にフェノール樹脂を染み込ませ、圧力と熱をかけて積層するものである。この方法によって、合わせても厚さわずか6ミリ程度のカバノキの突板（少女や若い女性からなるチームが、アイロンをかけて平らにしたという話である）と樹脂で、表面構造だけでなく支持フレームも形づくることができた。

1942年に構想されたが、スプルース・グースは戦争中に使用するには完成が間に合わず、1947年11月に短時間の飛行を1回行っただけだった。完成が遅れ、巨額の資金が費やされたことを受け、ヒューズは1947年に約2200万ドルの政府資金を使いすぎたとして上院戦争調査委員会に呼ばれたが、彼は自己資金約1800万ドルをプロジェクトに投入したと述べている。

しかし、モスキートとハーキュリーズに先立ち、現代のプラスチックの先駆けとみなされるプロセスを使用した前例があった。アメリカの先駆的な飛行士で発明家であるニューハンプシャー出身のハリー・N・アトウッドは、自身で発明した木材の積層プロセスを使用して1935年に単葉機を建造していたのである。大恐慌時代の当時、多くの人が単なる日常の必需品を買うことにも苦労していた時期に、アトウッドは「航空機製造のヘンリー・フォード」を気取っていた。アトウッドを突き動かした大胆なビジョンは、本人によれば1本のカバノキから安価かつ容易につくれるがゆえに「一家に1機」を実現できる飛行機——「エアモバイル」——、言わば「空のフォード・モデルT」をつくりだすことだった。「この飛行機を朝8時から10人の労働者でつくりはじめれば、同じ日の午後5時にはもう飛んでいる」という発言が伝えられている。[65] 当時の平均的な飛行機は「数千個の部品」で構成されていたが、アトウッドは継ぎ目のない「一体型の」機体を想定していた。宣伝によれば「ワイヤなし、留め具なし、桁なし、生地なし、梁なし、ターンバックルなし、支持金具の取りつけなし、リベットなし、溶接なし、接合部の綴じ目も継ぎ当てもなし」ということだった。[66]

経営難に陥ったニューハンプシャーの家具会社（フレンチ&ヒールド社）から支援と専門知識を手に入れ、化学と突板に関する自分の知識を活用して、アトウッドは「デュプライ」という木材と樹脂の合成素材を発明した。同じ厚さのアルミニウムより軽量で、耐火性と強度に優れた素材だった。製造プロセスは、カバノキの極薄の突板と熱可塑性樹脂のシートを何層か重ね合わせ、熱と圧力をかけるというものである。飛行機を建造するには、幅約5センチ、厚さわずか0・2〜0・3ミリのカバノキ材を、セルロースアセテートシートと合わせて、あらかじめ主要部品のサイズと形に合わせてつくった型に、望む厚さになるまで巻きつけていく。固定した部品を「ラバーバッグ」で覆うと、圧力室に入れて圧縮空気にさらし、次いで蒸気にあてて樹脂を軟化させたのち、合成素材を硬化させるために冷水をバッグにかける。ラバーと型を取り除くと、堅焼きのシェル状素材は組み立てられる状態になっている。[67] アトウッドのデュプライ飛行機――長さ4・8メートル、翼長6・7メートル、重量わずか362キロほどのひとり乗り、オープンコックピットの飛行機――のプロトタイプがついに完成したとき、草分け飛行士たちの団体「アーリーバード」は、飛行機が「直径わずか15センチほどのカバノキ1本」だけでつくられたと発表し、アトウッドの宣伝文句を繰り返した。[68]

アトウッドは、かつてはクマを飼い、リスとキンカジューをペットとして手なずける一方、型破りな人物で、天性のショーマンで、信用詐欺師だった。その不誠実な商取引、気まぐれな行動、強迫的な支配欲の結果、アトウッドは家具会社を破産させ、借金まみれになって自分の特許を売却する羽目になった。デュプライの成形合板プロセスはその後「ヴィダル」プロセスとして知られるようになり、アルミニウム不足を受けて、第二次世界大戦中に使用された（または使用することを目的とした）多数の飛行機と船での用途に向けて開発が進められた。この開発事業は、アルミその他の金属がふたたび使えるようになるまで続いた。自作するグライダーを含め、今日の多数の軽量飛行機がカバノキの合板（ヨーロッパでは主にフィンランドからの輸出品）を構造に使用している。[69]

しかし、カバノキの合板から恩恵を被ったのは飛行機だけではない。ハリー・アトウッドは家具、カヌー、ベビーカー、棺、靴のかかと、便座、スキーについても実験していた。スキーは、サーミ族などが数千年前から凍てつく北国を移動するのに使ってきた古くからの交通手段である（最古の例はロシア、スウェーデン、ノルウェーで見つかっている）。その長い歴史を通して、異なる用途、異なる地形、異なる種類の雪に合わせてさまざまなタイプのスキーが、もともとは一枚板から彫り出したものとしてつくられてきた。スキーのタイプを問わず、カバノキの入手しやすさと固有の特性――強度に優れ、折れることなく柔軟に曲げられる――は好都合だった。カバノキはいまでもレジャー用の積層構造のスキーに木芯として使われていることがある。

ハリー・アトウッドは、カバノキの合板が音響学の分野でとりわけ重要になることを知っていた、または予測していたかもしれない。この素材は「高周波と低周波で最大となる」自然共鳴を起こすが、これは音楽用のスピーカーが一番再現しにくいことでもある。[70] この作用によって全体的なトーンが均質化されるため、以前からカバノキはスピーカーキャビネットの材料として人気が高い。BBCのラジオ・テレビ放送の技術的品質の高さは、「高忠実度音声に対する一般の認識と期待を形成するにあたっておそらく突出した影響力をもつ」とされるようになったが、その際立った音質はすくなからずカバノキのおかげである。[71] 1970年代半ば以降、BBCの高品質な音をつくるうえで重要な役割を果たしたモニタースピーカー、「LS3／5A」の要件は、スピーカーキャビネットの本体構造には厚さ12ミリのカバノキ合板のみを使用すること、その接合部はすべてブナ材で補強すること、である。カバノキ合板とブナ材の両方が厳密に規定されていたのは、BBCのテストで、パラナマツなどほかの硬木は「低音ドライバーの筐体の共鳴と干渉して、明らかに耳に聞こえるカラレーション」を生じさせると判明したためだった。[72] カバノキ特有の音響性能を生かしたもう

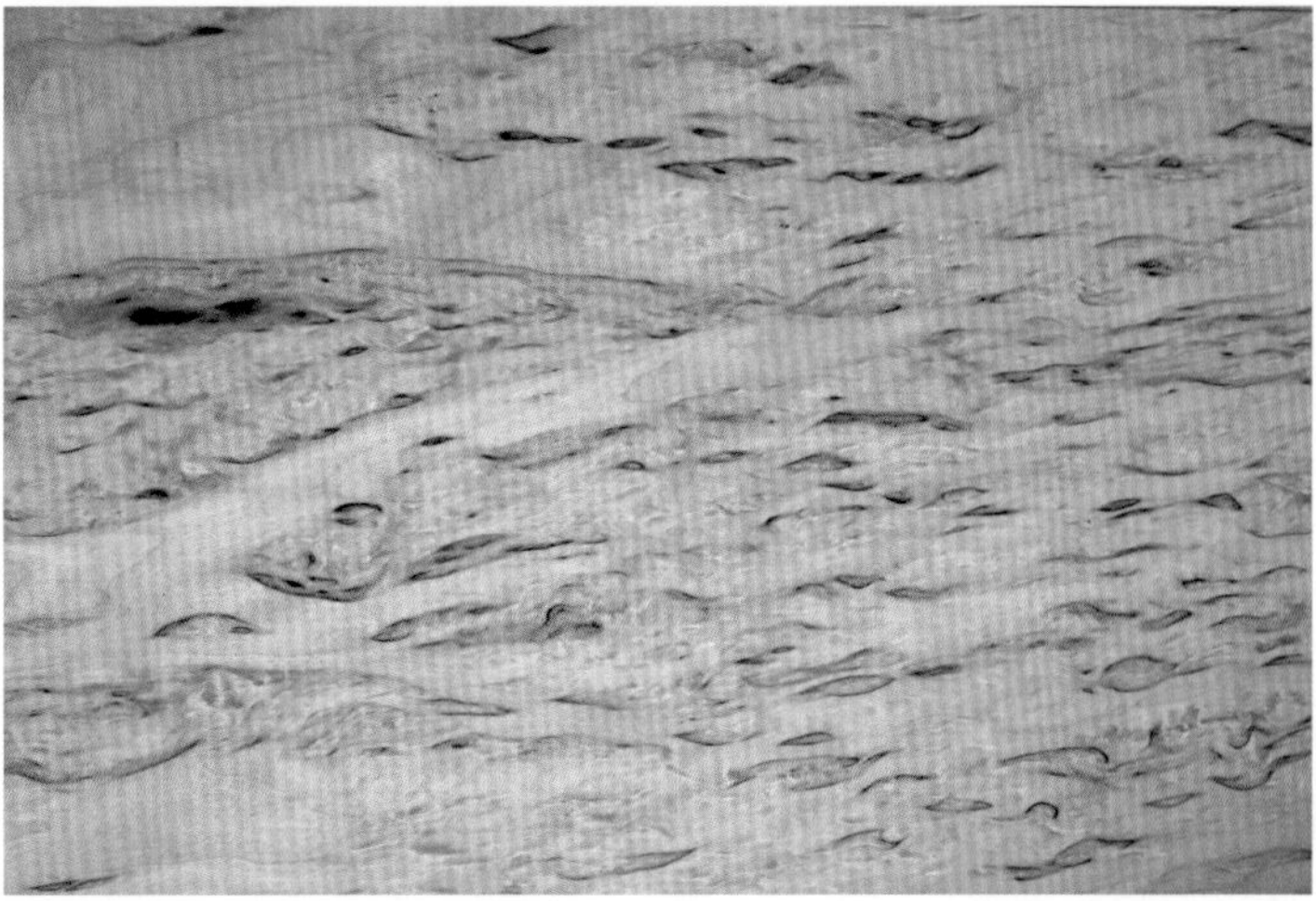

特徴的な波形の木目を見せるマスールバーチまたはカレリアンバーチ。

ひとつの用途は、ドラムシェルの素材としての使用である。豊かで丸みを帯びているとも、あるいはくっきりとして力強いとも描写される、「際立った」音を生むカバノキは、ドラムシェルの素材として現在では最も一般的になっている。[73] カバノキの突板は、一部のアコースティックギターやセミアコースティックギターのボディ用木材として、またドラムスティックの材料としても使われている。

カバノキは一般に色が薄く、木目がまっすぐで、心材が目立たなく、サテンのような独特の光沢を放つことから、家具用の突板として多用される。「マスールバーチ」や「カレリアンバーチ」――「カーリーバーチ」とともに装飾的な木目のある木材一般を指す用語――と呼ばれるめずらしい波形の木目パターンは、厳密にはカレリア地方の一部のシダレカンバとヨーロッパダケカンバに見られるものを指す。そのパターンの美しさから、装飾的な突板や、旋盤加工された各種の製品および建築の木造部分や家具に使用される。堅牢で強度に優れ（よく乾燥させた木材は硬度、強度、堅牢性の点でナラに似る）、旋盤加工に適し、一般に軽いカバノキ材は、余すところなく無数の用途に使用されてきた。ウィグワムの支柱、槍、弓と矢、小型そり、櫂、そりのランナー（滑走部）、スノーシューズのフレームなどは、北アメリカとシベリアの先住民によるカバノキの使用例の一部である。シベリアのマンシ族とセリクプ族はいまでもカバノキの木部と樹皮で美しいゆりかごをつくっている。ユーラシア大陸全域で、スプーンや皿、ほうきや道具類の柄、ニシン樽、おもちゃや履き物など、あらゆる種類の家具や家庭用品がこの木材でつくられてきた。かつてイギリスでは、貧しい人はカバノキの木靴を履いていたかもしれないが、裕福な人の場合はかかとがカバノキでできた靴を履くことが一般的だった。[74]

17世紀イギリスの国防と貿易は造船に依存していた。この時代に書かれたジョン・イヴリンの論文は、伝統的に造船に使用されていた木の回復と植林を促す必要に大きく影響を受けたため、著者が「カバノキは木材として最低」と判定したのも当然だったかもしれない。防腐処理をしないかぎり、水と接触するとすぐに腐食するという理由もあったのだろう。ただし、カバノキでつくった用具類がたくさんあることは認め、「農家で使う牡牛用のくびき、それから……箍《たが》、パニエ、ほうき、棒、ほうきづくりに使う小枝の束、燃料」を挙げている。[75] やはりイヴリンが記録しているカバノキの意外な用途は、男性の化粧用パウダーである。「最後に、枯れそうな木によく含まれる、老木の最も白い部分からつくられるのが、『ギャラント・スイートパウダー』のベースである」と書いている。[76]『樹林 *Sylva*』最終版（1825年）では、この用途に「女性のように粉をはたいた」という記述を加

原書房

〒160-0022 東京都新宿区新宿 1-25-1
TEL 03-3354-0685 FAX 03-3354-073
振替 00150-6-151594

新刊・近刊・重版案内

2022 年 6 月 表示価格は税別です

www.harashobo.co.jp

当社最新情報はホームページからもご覧いただけます。
新刊案内をはじめ書評紹介、近刊情報など盛りだくさん。
ご購入もできます。ぜひ、お立ち寄り下さい。

「NHKスペシャル」で放送された知られざる歴史

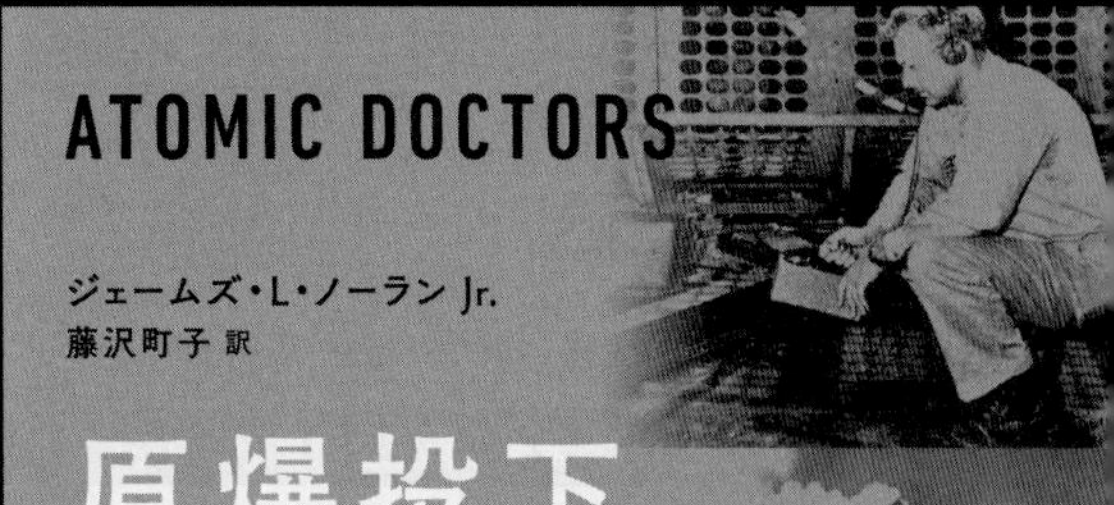

新資料によって明らかになる原爆投下の新真実。無視された医師たちの警告、隠蔽された残留放射線の実態——。マンハッタン計画に参加し、原爆投下直後の日本へも調査に訪れたアメリカ人医師が残した「葛藤」、そして「共謀」の全記録。 **四六判・2500 円**（税別）ISBN978-4-562-07186-9

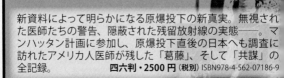

いいね！」が直面する不都合な真実

なぜデジタル社会は「持続不可能」なのか

ネットの進化と環境破壊の未来

ギヨーム・ピトロン／児玉しおり訳

クラウド化のためのデータセンターが世界各地に作られ、データ送信のために海底を埋めつくす通信ケーブル。膨大な電力や資源が「デジタル化」へ注ぎ込まれる現代。「持続性」の見えないデジタル社会に答えはあるのか

四六判・2200円（税別）ISBN978-4-562-07187-6

イチャー誌ほか各紙誌絶賛！ 科学者たちの大いなるジレンマ

こうして絶滅種復活は現実になる

古代DNA研究とジュラシック・パーク効果

エリザベス・D・ジョーンズ／野口正雄訳

ネアンデルタール人の全ゲノム解析、絶滅種の再生——絵空事と誰も信じていなかった古代DNA研究が発展していった背景には何があったのか。映画『ジュラシック・パーク』の裏側にあった知られざる科学とメディアの力の物語。

四六判・2800円（税別）ISBN978-4-562-07185-2

鋭の動物学者が心臓の進化から未来の再生医療まで語り尽くす！

あなたの知らない心臓の話

動物からヒトまで——新常識に出会う知的冒険

ビル・シャット／吉野山早苗訳

コロナワクチン製造で絶滅の危機にあるカブトガニ、ブタからヒトへの心臓移植。3Dプリンタを使った臓器印刷まで、今話題のトピックが満載！

四六判・2500円（税別）ISBN978-4-562-07149-4

イン界が今まさに必要としている本だ」《サイエンス》《ネイチャー》ほか、全米各紙誌が絶賛！

古代ワインの謎を追う

ワインの起源と幻の味をめぐるサイエンス・ツアー

ケヴィン・ベゴス／矢沢聖子訳

中東で出会った奇妙な赤ワインにすっかり心奪われた著者は、古代ワインとワインの起源を探す旅に。古代の王たちが飲んでいたワインの味は？ ブドウ品種は？ ワイン醸造の世界を科学的なアプローチで探訪するノンフィクション。

四六判・2200円（税別）ISBN978-4-562-07182-1

良質のロマンスを、あなたに　ライムブックス

人気作家の復活愛ロマンス！

愛がふたたび始まるならは

サラ・マクリーン／辻早苗訳

愛し合っていたマルコムとセラなのに、結婚に至るきっかけがこ人の仲に影を落とした。突然姿を消した彼女が3年後に戻ってきたが、おおぜいの人々の前で離婚を要求する。セラの心を取り戻したいマルコムは、ある条件を出して…。**文庫判・1400円**（税別

ISBN978-4-562-06548-6

料理研究家ファン・インソン（いんくん）推薦！

知っておきたい！　韓国ごはんの常訁

イラストで見るマナー、文化、レシピ、ちょっといい話ま

ルナ・キョン著／アンジ絵／繁松緑訳

レシピ、逸話、作法……知っているようで知らない韓の食文化をかわいいイラストで解説！　種類豊富な前「バンチャン」、5色哲学に基づいた配膳、熾烈な受験争が生んだ縁起フードなど、伝統と最新の情報が満載

B5変型判・1600円（税別）ISBN978-4-562-071

新資料を駆使し女帝の新たな人間像に迫る

女帝そして母、マリア・テレジア

ハプスブルク帝国の繁栄を築いたマリー・アントワネットの母の葛藤と

エリザベート・バダンテール／ダコスタ吉村花子

ハプスブルク帝国を築いたマリア・テレジアは、マリアントワネットほか16人の子の母でもあった。そ統治と「母親であること」はどのように関わっていのか。新資料を駆使し、女帝の新たな人間像にせま

四六判・2700円（税別）ISBN978-4-562-071

日本人の知らないもうひとつの緑茶の歴史　静岡（5/14）をはじめ地方紙で書評続

海を越えたジャパン・ティー

緑茶の日米交易史と茶商人たち

ロバート・ヘリヤー／村山美雪訳

幕末、アメリカでは紅茶よりも日本の緑茶が飲まれていアメリカを席巻した「ジャパン・ティー」、そして両国をいだ茶商人とは？　当時の茶貿易商の末裔である著者米双方の視点から知られざる茶交易史をひもとく。

四六判・2500円（税別）ISBN978-4-562-071

湾全土で受け継がれる妖鬼神怪

図説］台湾の妖怪伝説

何敬堯／甄易言訳

死んだ人間、異能を得た動物、土地に根付く霊的存在――台湾にも妖怪は存在する。異なる民族間の交流によって生まれた妖怪たちの伝承や歴史をフィールドワークによって得られた資料をもとに辿る画期的な書。カラー図版多数。

A5判・3200円（税別）ISBN978-4-562-07184-5

籍商の起源から今日の書店まで　毎日（4/2）・日経（4/9）・読売（5/15）書評！

ブックセラーの歴史

知識と発見を伝える出版・書店・流通の2000年

ジャン＝イヴ・モリエ／松永りえ訳

古代から今日に至るまで、時代・国を超えて知識と情報を獲得し、思考と記憶を深めるツールとして人々の手を伝わってきた書籍という商品は、どのように交換・販売されてきたのか、その歴史をたどる。鹿島茂氏推薦！

A5判・4200円（税別）ISBN978-4-562-05976-8

駆的な建築家やデザイナーたちが提案する未来都市の全貌がここに！

トリアルCGで見る　世界のSDGsスマートシティ

エリン・グリフィス／樋口健二郎訳

世界で進行する40以上のスマートシティ構想の全貌を圧巻のヴィジュアルで紹介！脱炭素都市、自己充足型都市、海面上昇による脅威に対応する1万人収容の持続可能な浮遊都市まで、未来を視覚化した唯一無二の1冊。

B5判・3800円（税別）ISBN978-4-562-07165-4

と城門の見方がわかれば城めぐりはグンと楽しくなる！

説　近世城郭の作事　櫓・城門編

三浦正幸

城郭建築としては華やかな天守の陰に隠れながら、防備の要として各城の個性が際立つ櫓と城門を詳しく解説した初めての書。城郭建築研究の第一人者が、最新の知見に基づき、350点におよぶカラー写真と図版を用いマニアックに解説。

A5判・2800円（税別）ISBN978-4-562-07173-9

郵便はがき

料金受取人払郵便

新宿局承認

6848

差出有効期限
2023年9月
30日まで

切手をはら
ずにお出し
下さい

160-8791

343

（受取人）
東京都新宿区
新宿一-二五-一三

原書房

読者係 行

1608791343 7

図書注文書（当社刊行物のご注文にご利用下さい）

書名	本体価格	申込数
		部
		部
		部

お名前　注文日　年　月　日

ご連絡先電話番号（必ずご記入ください）　□自宅　（　）　□勤務先　（　）

ご指定書店（地区　）（お買つけの書店名をご記入下さい）　帳合

書店名　書店（　店）

7168

花と木の図書館 **カバノキの文化誌**

愛読者カード　アンナ・ルウィントン 著

＊より良い出版の参考のために、以下のアンケートにご協力をお願いします。＊但し、今後あなたの個人情報（住所・氏名・電話・メールなど）を使って、原書房のご案内などを送って欲しくないという方は、右の□に×印を付けてください。 □

フリガナ
お名前　　　　男・女（　　歳）

ご住所　〒　　－

市　　町
郡　　村
TEL　　（　　）
e-mail　　@

ご職業　1 会社員　2 自営業　3 公務員　4 教育関係
5 学生　6 主婦　7 その他（　　）

お買い求めのポイント

1 テーマに興味があった　2 内容がおもしろそうだった
3 タイトル　4 表紙デザイン　5 著者　6 帯の文句
7 広告を見て（新聞名・雑誌名　　）
8 書評を読んで（新聞名・雑誌名　　）
9 その他（　　）

お好きな本のジャンル

1 ミステリー・エンターテインメント
2 その他の小説・エッセイ　3 ノンフィクション
4 人文・歴史　その他（5 天声人語　6 軍事　7　　）

ご購読新聞雑誌

本書への感想、また読んでみたい作家、テーマなどございましたらお聞かせください。

原書房

〒160-0022 東京都新宿区新宿 1-25-13
TEL 03-3354-0685 FAX 03-3354-0736
振替 00150-6-151594 表示価格は税別

人文・社会書

www.harashobo.co.jp

当社最新情報は、ホームページからもご覧いただけます。
新刊案内をはじめ、話題の既刊、近刊情報など盛りだくさん。
ご購入もできます。ぜひ、お立ち寄りください。 2022

地球の本当の形を明らかにする「緯度1度」の長さを求めて

緯度を測った男たち

18世紀、世界初の国際科学遠征隊の記録

ニコラス・クレーン／上京恵訳

1735 年から、赤道での地球の緯度 1 度当たりの子午弧を計測するために赤道へ向かったフランス科学アカミーの遠征隊。困難をくぐりぬけ、壮大な実験を行っ世界初の国際的な科学遠征隊のおどろくべき冒険の記

四六判・2700 円（税別）ISBN978-4-562-0718

大英帝国の発展と味覚や嗜好の変化の興味深い関係

イギリスが変えた世界の食卓

トロイ・ビッカム／大間知 知子訳

17 - 19 世紀のイギリスはどのように覇権を制しそれが世界の日常の食習慣や文化へ影響を与えのか。当時の料理書、新聞や雑誌の広告、在庫表税務書類など膨大な資料を調査し、食べ物が果した役割を明らかにする。

A5判・3600 円（税別）ISBN978-4-562-0718

「ワイン界が今まさに必要としている本だ」《サイエンス》《ネイチャー》ほか、全米各紙誌が絶

古代ワインの謎を追う

ワインの起源と幻の味をめぐるサイエンス・ツア

ケヴィン・ベゴス著／矢沢聖子訳

中東で出会った奇妙な赤ワインにすっかり心奪われた著は、古代ワインとワインの起源を探す旅に。古代の王たが飲んでいたワインの味は？　ブドウ品種は？　ワイン醸の世界を科学的なアプローチで探訪するノンフィクション。

四六判・2200 円（税別）ISBN978-4-562-0718

その起源や意味を万巻の書を博捜し徹底解読した妖精百科

妖精伝説　本当は恐ろしいフェアリーの世界

リチャード・サッグ／甲斐理恵子訳

現代では、妖精はいたずら好きで可愛らしいものというイメージが流布しているが、かつては人々から恐れられる存在だった。シェイクスピアからティンカー・ベルまで、多数の事例や目撃談、文学や芸術に表現された妖精の物語を検証。

A5判・3600円（税別）ISBN978-4-562-05977-5

神秘と幻想と象徴の動物一角獣、ユニコーンのすべて！

ヴィジュアル版　一角獣の文化史百科

ミシェル・パストゥロー、エリザベト・タビュレ＝ドゥラエ／蔵持不三也訳

幻想的で象徴的なユニコーンは、紀元前5世紀の書物に初めて記述された。動物学者や探検家、芸術家や詩人たちの関心を集め、テーマとする創作は、今なお続けられている。一角獣にまつわる事象が詳細に語られ、150にもおよぶ美しい図版とともに幻想の動物についての深い知識が得られる、ユニコーン文化史の決定版！

B5変型判（217mm×170mm）・4500円（税別）ISBN978-4-562-05910-2

なぜ人は「悪魔」を描き続けてきたのか

アートからたどる　悪魔学歴史大全

エド・サイモン／加藤輝美、野村真依子訳

古代から現代にいたる「悪魔と地獄」の姿を、その時代に残された芸術作品をたどりながら案内。食器に描かれた啓発の地獄図から魔女のふるまいに至るまで、古今東西にわたって専門家が濃密に考証した記念碑的作品。

A5判・4500円（税別）ISBN978-4-562-07152-4

先駆的な建築家やデザイナーたちが提案する未来都市の全貌がここに！

フォトリアルCGで見る　世界のSDGsスマートシティ

エリン・グリフィス／樋口健二郎訳

世界で進行する40以上のスマートシティ構想の全貌を圧巻のヴィジュアルで紹介！脱炭素都市、自己充足型都市、海面上昇による脅威に対応する1万人収容の持続可能な浮遊都市まで、未来を視覚化した唯一無二の1冊。

B5判・3800円（税別）ISBN978-4-562-07165-4

革命とは何か、現在への影響まで

世界史を変えた24の革命 上・

上　イギリス革命からヴェトナム八月革命まで
下　中国共産主義革命からアラブの春まで
ピーター・ファタードー／（上）中口秀忠訳　（下）中村雅子

17世紀から現代までの、世界史上の最重要な24の革
について、それが起きた国の歴史家が解説。革命の原
危機、結果から主要な人物やイデオロギーがどのように
容されているか、そして現代社会への影響までが分かる

四六判・各2200円（税別）（上）ISBN978-4-562-0599
（下）ISBN978-4-562-0599

ナチスのホロコースト、世界貿易センタービル、チベット問

なぜ人類は戦争で文化破壊を繰り返すのか

ロバート・ベヴァン／駒木令訳

戦争や内乱は人命だけでなく、その土地の建築
や文化財も破壊していく。それは歴史的価値や
的価値を損なうだけでなく、民族や共同体自体
消し去る行為だった。からくも破壊を免れた廃墟
語るものとは。建築物の記憶を辿る。

四六判・2700円（税別）ISBN978-4-562-0714

オバマ元大統領のベストブックス2021リスト入り超話題

場所からたどる　アメリカと奴隷制の歴史

米国史の真実をめぐるダークツーリズム
クリント・スミス／風早さとみ訳

アメリカ建国の父トマス・ジェファソンのプランテ
ションをはじめ、アメリカの奴隷制度にゆかりの
い場所を実際に巡り、何世紀ものあいだ黒人が
かれてきた境遇や足跡をたどる、異色のアメリカ

四六判・2700円（税別）ISBN978-4-562-0715

写真とキーパーソンの証言、LGBTQカルチャーの情報が満

［ヴィジュアル版］LGBTQ運動の歴史

マシュー・トッド／龍和子訳

政治、スポーツ、文化、メディアにおけるLGB
コミュニティの平等を求める闘いの節目と歴史的
瞬間をとらえ解説。故ダイアナ妃やウィリアム王
エルトン・ジョンなどLGBTQ運動の支援者や著
人の声を貴重な写真とともに紹介する。

A5判・3800円（税別）ISBN978-4-562-0597

櫓と城門の見方がわかれば城めぐりはグンと楽しくなる！

説 近世城郭の作事 櫓・城門編

三浦正幸

城郭建築としては華やかな天守の陰に隠れながら、防備の要として各城の個性が際立つ櫓と城門を詳しく解説した初めての書。城郭建築研究の第一人者が、最新の知見に基づき、350点におよぶカラー写真と図版を用いマニアックに解説。

A5判・2800円（税別）ISBN978-4-562-07173-9

目からウロコ。マニアもうなる天守の秘密を明かす。

説 近世城郭の作事 天守編

三浦正幸

NHK大河ドラマで建築考証を務める城郭建築研究の第一人者が天守の基本から構造、意匠など細部に至るまで最新の知見を披露。多数のカラー写真と図版を用い文科・理科両方の視点でわかりやすく説明した天守建築研究の集大成。

A5判・2800円（税別）ISBN978-4-562-05988-1

中世の技術の頂点　その偉容のすべて

ィジュアル版］中世ヨーロッパ城郭・築城歴史百科

チャールズ・フィリップス／大橋竜太監修／井上廣美訳

中世ヨーロッパの城郭を、その構造から生活の細部にわたるまで図版とともに詳細に解説、また話題となった《中世の城郭を当時の道具で当時のままの方法で一から建築》プロジェクトを案内する。城郭の全てが凝縮された一冊。

A5判・3600円（税別）ISBN978-4-562-07144-9

戦術と攻防の全てを詰め込んだ決定版！

ィジュアル版］中世ヨーロッパ攻城戦歴史百科

クリス・マクナブ／岡本千晶訳

古代から火薬時代までの攻城戦の戦術とその技術を、攻撃と守備の両面から多数の図版とともに詳述。攻城機の図解から侵入後の戦闘、さらに交渉・潜入戦術などあらゆる側面から紹介した決定版！

A5判・3600円（税別）ISBN978-4-562-07143-2

えて膨らませてある。この版では、朽ちた木は「さまざまなめずらしい植物や花の苗を育てるのに最適な」肥沃土になると述べられている。[77] それからまもなく、J・C・ロウドンはスコットランド産カバノキ材をニシン樽に使用する件などほかの大量の情報の中で、次のように書き記している。

スコットランド高地の人々は、この木であらゆるものをつくる。家を建て、ベッドや椅子やテーブル、皿やスプーンをつくり、製粉機をつくり、荷馬車、鋤、門、柵をつくり、さらには（樹皮のことを述べて）縄もこの木でつくる。[78]

イギリスでは、イヴリンの言葉を借りれば「強く豊かに茂って」再生するようにと、カバノキが広い範囲で管理され、刈り取られていた。この中から選ばれた若芽が成長し、木材旋盤工が求めるカバノキの幹が育つのである。19世紀前半にランカシャー地方の綿工業が発展すると、こうして生産されたカバノキ材は綿糸製造業が必要とする膨大な量の糸巻や巻き枠用の素材として好まれ、大きな需要が生まれた。イングランド北西部のカンブリア地方では、工場へ供給するために小さな林や木立の刈り取りが行われ、林業が大規模に発展した。カバノキの炭を原料とする火薬製造もかつては重要な産業だった。また、17世紀にはイングランド南部ウィールドの鉄産業において、カバノキはごく一般的な燃料でもあった。カバノキ材の用途としてさらに興味深いのは、1950年代までウェールズ南部で見られた銅産業における化学試薬である。切り倒したばかりのカバノキを溶融銅が入ったタンクに突っ込むことで、木材が焦げる際に放出される気体を利用して、精製中に銅が吸収した不要な酸素を取り除いた。こうすることで銅の純度が下がることを防いだわけである。[79]

現在では、フローリングや調理台から縄ばしごの横木まで、家の中や外で使うさまざまな製品にカバノキが使われている。カバノキの一枚板がギターの本体に使われることもあるし、マリンバなど鍵盤打楽器の演奏に使うばちの柄――硬く強度がありながらも軽くなければならない――の素材としても好まれている。北アメリカ東部に分布するアメリカミズメから得られる木材は、時とともに深いマホガニー色を帯びるため、かつてははるかに高価な熱帯木材の代用品として木製家具の製作に広く利用された。アメリカミズメも重要な木材だが、キハダカンバ――軽量ながら強度があって樹脂を含むこの木材は、腐敗しにくいために植民地の造船業者から高く評価されていた――は、木材に適したカバノキ全種のうち最も重要なものとみなされ、現在、家具製造に広く利用されている。

もっとも、今日、世界中で商業的に栽培されているカバノキの大部分は、最終的にはパルプになる。紙と包装材を大量生産する製紙工場へ行きつく多くの木のひとつなのだ。しかしその構造と特徴から、カバノキは耐油紙とグラシンを含む特定の紙の生産に向いている。カバノキ材は、硬木にしては比較的長く細いセルロース繊維を含む。また、細胞壁が薄く、ヘミセルロースを多く含むが、これは互いによくかみ合い、自然に丈夫な紙ができるという意味である。製紙工程では、高圧ローラーでシートを圧搾し、すべての繊維が同じ方向を向いて平らになるようにする。こうすることでなめらかさ、密度、光沢を増すのである。その結果、引張強度が大きな、艶のある軽い半透明の紙ができる。さまざまなコーティング処理を施されたグラシンは、その耐油性と撥水性から、扱いに注意を要する素材を保護しなければならない多数の用途に適したものとなる。たとえば本やアルバムの（隣のページとの接触から挿絵や写真を守る）間紙用、食品の分離用や包装用などである。グラシンは封筒の窓の素材や花火の包装材としても使用される。

世界最大規模の紙と板紙の生産国であるフィンランドは、大量のカバノキを栽培し、輸入している。2013年に輸入した木材約1100万立方メートルのほぼ半分がカバノキの「パルプ材」で、主にロシアとバルト三国から調達したものだった。しかし、2015年のフィンランド森林産業連盟の報告によれば、ヘラジカによる苗木の食害と植林への補助金の減少により、21世紀に入ってシダレカンバ（学名 *B. pendula*）の植林地の面積は減少しており、カバノキは植林された苗木全体のわずか5パーセントを占めるにすぎない。報告では、将来的には国内供給を増やすことが望ましいと結論づけている。[80]

カバノキに使えない部分はない。細くしなやかな小枝はまさに万能で、「シラバブ［生クリームとアルコール類を使用したイギリスの飲み物］をつくるための泡だて器」から画家が使う木炭まで、あらゆることに利用された。[81] 中世の住宅建設では、土壁（一般に泥か粘土を藁か動物の糞と混ぜて、棒や小枝を編んだ格子に塗る）の表面を、しっくいの防水層がよく付着するよう粗くするのに最適だった。ロウドンの記述によれば、スコットランドではカバノキの小枝が屋根葺き材としてよく使用された。また、ヒースが不足しているときは、「夏に葉をつけたまま乾燥させた小枝が申しぶんのない寝床の素材になる」とも書いている。[82] この利用法はサーミ族にも見られた。トナカイの皮にカバノキの小枝を詰めたものを、「昼間はソファとして、夜はベッドとして使う」伝統があった。[83]

イギリスの綿糸産業で使用される糸巻や巻き枠は、伝統的にカバノキ材でつくられていた。

シベリアのネネツ族などは、いまでもカバノキの若木の枝を束ねてマットをつくり、その上にトナカイの皮を敷いている。スコットランドでは伝統的に、ハムやニシンなどの燻製をつくるにはカバノキの小枝が最高だと考えられていた。また春と夏の北ヨーロッパと東ヨーロッパおよびロシアでは、家畜の飼料として重要だった[84]。とくに、ほかの樹木があまり生えないヒースの荒野では、家畜用の柵を建設するためにも重要だった。この古い習慣を現代に応用したものが、障害馬術の柵と狩猟用の隠れ場所にいまでも使用されるカバノキの下生えである[85]。

　スコットランド高地では、北ヨーロッパのほかの地域と同じように、かつては動物用の綱や縄を、カバノキの細い小枝を熱してから撚り合わせることでつくっていた。バスケットもカバノキの小枝で編んだ。とりわけスコットランドでは、ウィスキーの蒸留に使う大切な燃料でもあった。また酢の精製所では、タンクの底に小枝の束を1メートルの厚さに敷き、澄んだ液体を得るのに役立てた。イギリスにおける昔ながらのもうひとつの用途は、護岸補強だった。また、ランカシャーとウェストモーランド（現在のカンブリア）では、沼沢地を通る道路の最下層の素材として使用された。[86]

イギリスで最もよく知られた伝統的な用途は、枝ぼうきづくりだろう。現在でも専門の刈り込み作業者が行っており、小規模な広葉樹林の伝統的な管理と使用を復活させようと取り組む地域または国の団体と連携していることが多い。枝ぼうきという、何百年も前からある工芸品は、地域によってさまざまな方法と素材でつくられてきた。サセックスとサリー、およびドーセット東部のヒースの荒野で材料を集めていた「ほうきの従者」は、とくに有名である。枝ぼうきは家庭用、および自動車以前の時代には馬小屋用に人気が高く、また鉄製品をつくる際に熱した金属の表面につくスラグをはらうのにも使用された。19世紀後半、ドーセット州ヴァーウッドには大規模なほうき産業が発達しており、１８４１年の国勢調査では27人のほうき職人が登録されているが、実際にははるかに多くの人がほうきづくりに従事していたと考えられる。１９２６年の報告書で「生来控えめで、人里離れた場所」に住む「独立した働き者の人々」と描写される世帯は、男女を問わず子供も含めた全員が作業に携わっていた。１９３９年に、ヴァーウッドに残るふたりの専業ほうき職人のうちのひとりとして記載されたジョン・ハスケルは、10歳でこの仕事を始めている。[87]

ほうきづくりでは、まずカバノキかハンノキ、あるいは今日よく使われるハシバミの枝で柄を用意する。この棒は樹皮を剥がしてなめらかにしてから一方の先を尖らせる。穂はカバノキの小枝（過去にはヒースが多く使われたが）を密に束ねてつくる。小枝は木が休眠している冬に切り、数か月

現代のカバノキのほうき（枝ぼうき）。いまだに数百年前、もしかすると数千年前のデザインでつくられている。

間、乾燥させてから（場合によっては軽く茹でてやわらかくする）圧迫して束ねる。小枝は手で押しつぶすこともできるが、きつく束ねるために、足で動かす大型の鉄製ペンチなどさまざまな機械を利用することもあった。小枝を縛るには（現在ではスチールの針金を使う）、ヴァーウッドでは「スリート」と呼ばれるものが伝統的に用いられた。これは、ハシバミかリンゴの木からたくみに切り取った長さ約1メートルの細い木片である。ほかの地方では、ハシバミかシナノキの靭皮、細く切ったセイヨウトネリコ材、ナラの幹を裂いたもの、ハシバミ材を撚ったもの、細く切ったヨーロッパグリ材、ヤナギの小枝、イバラの繊維などを使うこともあった。束がまとまったら、木槌で柄を押し込み、木製の小さな杭を打ち込む。伝統的な製法でつくられた枝ぼうきは何年ももつ。なかには、単に装飾用として購入されるものもあるが、多くはいまでも室内や庭、またゴルフコースやクロケットの芝生で広く使われる。カバノキのほうきは軽くて扱いやすく、火災の消火にも有効なため、1950年代までは「これまで考案された中で最高の、どこでも使える森林火災の消火手段」と見なされていた。[88]

残念ながら、カバノキで叩かれたのは山火事だけではない。「バーチング」――体罰として大人や子供をカバノキの小枝や棒の束で叩くこと――の歴史は非常に長い。カバノキとこの罰があまりにも昔から結びついていたため、ロウドンが19世紀初めに述べたように、属名の「Betula」は「ラテン語の『batuere』（叩く）に由来し、ローマ時代のリクトルが、いつもカバノキの枝でつくられていた『ファスケス』で人々を追い返していたことに関係する」と一部では信じられていた。[89]

実際、ファスケスの材料としてはカバノキの枝が挙がることが一番多いものの、ほかの木が挙が

「ファスケス」を持つローマ時代のリクトルを描いた版画。ファスケスには権威の象徴としてカバノキかヤナギの棒が使われたと言われる。

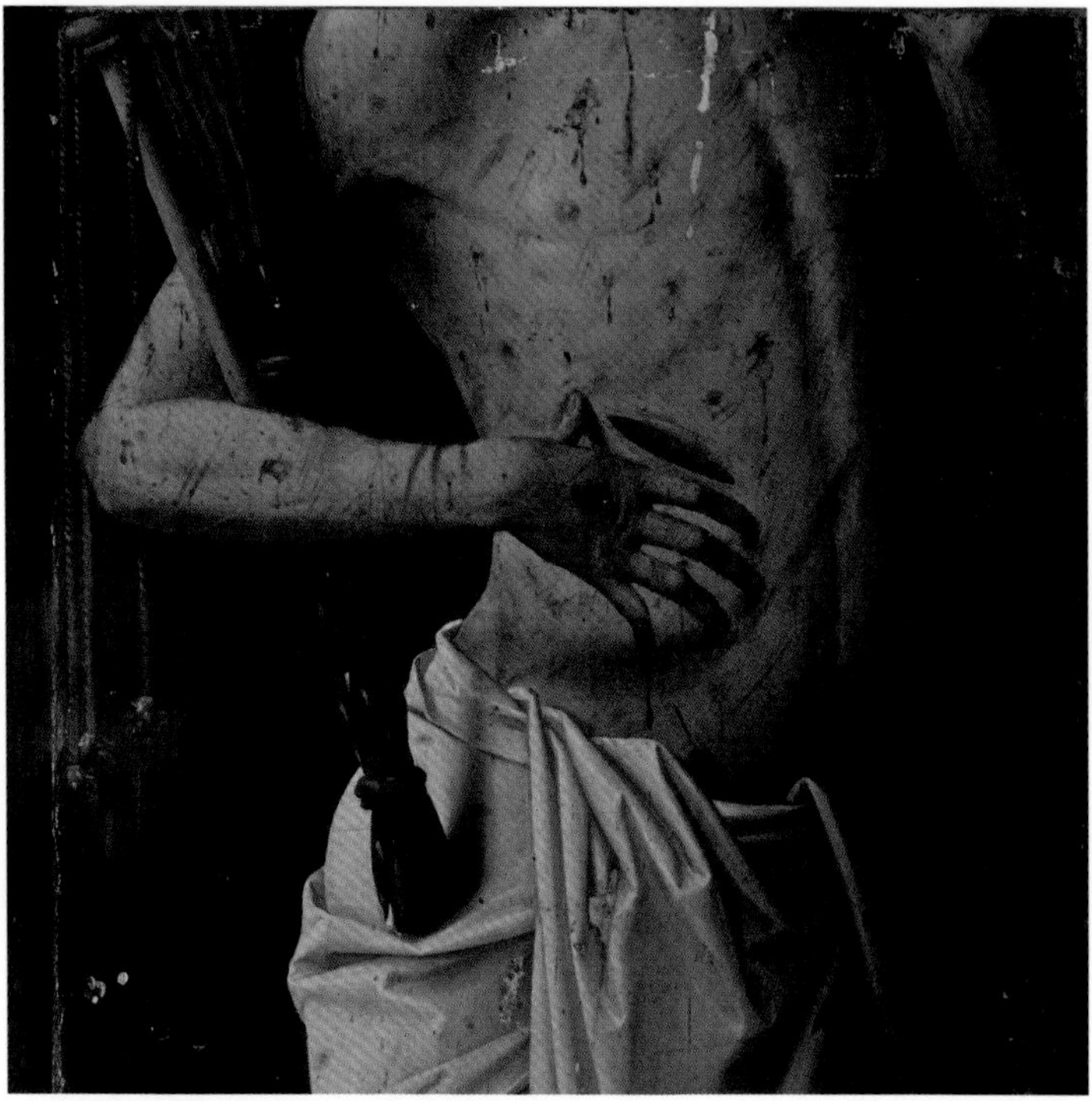

フライジングの「聖母のご訪問」の画家『悲しみの人キリスト』（部分）、1495年頃。

ることもあるうえ、古代ローマではヤナギがさまざまな罰に使われることもあったという。

ファスケスは、とくにローマの支配が地中海世界を越えて拡大した共和制ローマの時代（紀元前509〜27年）によく登場する。「リクトル」という要人の護衛を務めた特殊な役職の者が持つ、棒を束ねて赤い革紐で縛ったもので、斧がついていることもある（斧の刃は突き出した形で描かれることが多い）。エトルリア文明からシンボルとして取り入れられたファスケスは、ローマ時代には様式化され、行政官としての権威を有する人物を表すものとなった。折れやすい1本の棒ではなく、複数の棒を束ねた形は、権力と権威だけでなく、結束を通して得られる強さの概念も表している。ときには勝利を示す月桂冠で飾られつつ、変わらないシンボルとして、現代でも相変わらず指揮権や集団権力の印として、さまざまな政府や機関で採用されている。ベニート・ムッソリーニの国家ファシスト党は1919年にファスケスをシンボルとして選び、ここから「ファシスト」という言葉が派生した。

しかし、欧米で広く知られたシンボルとして一時はアメリカの10セント硬貨の図案にもなり、ファシズムの恐怖との結びつきはほとんど忘れられている。よく紋章にあしらわれており、エクアドル国旗に採用されているほか、アメリカの下院の演壇脇にある大きな壁面装飾などあちこちで目にすることができる。罰の形態としてのカバノキの起源は、大昔に、木には悪を清めて追放する超自然的な力が備わっていると考えられたことにあるようだ。悪霊に取りつかれたと思われていた狂人は、罰としてではなく、この悪霊を追い出すために叩かれたのである。言うことを聞かない子供も同じように叩かれ、態度を直された。シェークスピアは『尺には尺を』でこの習慣をほのめかし、公爵ヴィンセンシオに次のように言わせる。

甘い父親が
脅かすようにカバノキの小枝を束ねてみても……

カバノキ（あるいはただの「棒」）で叩くという、苦痛が大きく屈辱的な体験は、性別や年齢を

「2月――身を切るような荒れ模様――騒動」。ジョージ・クルックシャンクが1839年に『滑稽年鑑 *The Comic Almanack*』に発表したスチール版画。

問わず、あらゆる形の不愉快きわまりない方法で与えられた。ヨーロッパ各地、その植民地、英連邦の国々で広く使用されたこの方法は、1860年代にイギリス海軍で少年水兵を対象に、またほぼ同時に民事裁判所でも（青少年を対象に）「九尾の猫鞭」に代わって正式に採用され、法廷と学校で下される一般的な罰の形態になった。強度があってしなやかなヤナギとハシバミの小枝も使用されたが、軽佻な軽罪と重大な軽罪を犯した者のためにさまざまな「カバノキ」（長さ、重さ、枝の数の点で）が選ばれた。

20世紀のイギリス本土では、イングランドとウェールズでは14歳まで、スコットランドでは16歳までの窃盗で訴えられた少年に対し、「軽い罰」としてカバノキが広く使われていた。むち打ちを実行するために、罰を受ける不幸な者を「バーチングテーブル」上に拘束する――両腕を下で縛り、両脚は革紐で押さえつける――こともあった。この方法が最後に使用されたのは、1948年にフォート・ウィ

ラトビアのサウナ用の小枝の束。葉が最も芳しく香る初夏に集めた小枝でつくる。

リアムで万引きをした15歳の少年に対してだった。[90] この刑は、たとえば強盗の罪で有罪判決を受けた成人男性にも下された。刑罰としてのカバノキのむち打ちは、イギリス本土では1948年に廃止されたが、刑務所では1962年まで重大な規則違反に対する罰として使用されつづけ、チャンネル諸島のガーンジー島とジャージー島では1968年にも依然として行われていた。しかしマン島（独自の議会と法をもつイギリス王室属領）では、少年4名をめぐる1972年の訴訟に対し、1978年に欧州人権裁判所がカバノキのむち打ちは人権条約に違反すると宣言しているが（マン島当局はこれに異議を申し立てようとした）、1976年にもさらにこの刑が行われており、同刑を定めた法律が最終的に撤廃されたのはようやく1993年になってからのことだった。[91]

スカンジナビア諸国、ロシア、バルト海沿岸地域には、はるかにおだやかな伝統が継承されている。薫り高いカバノキの小枝を束ね、サウナ、すなわち「バーニャ」の一環として体を優しく叩くことで肌を活性化し、毛穴をひらき、血行を促進し、筋肉を緩めるのである。肌へのあたりをやわらかくするために葉は残しておき、独特のさわやかな香りを漂わせるために、前もって水に浸しておくこともある。

第4章　聖なるカバノキ——言い伝えと伝統

古来、北半球のさまざまな土地で、カバノキは特別な崇敬の対象となり、この木に囲まれて暮らす多くの民族から聖樹や神木とみなされてきた。カバノキは世界が冬の眠りから目覚める合図である葉を真っ先につけ、春の到来を告げる。繊細で透明感のある枝葉は、新たな命と光が地上に戻ってくることを象徴する。産業革命以前の時代、季節の移り変わりのパターンには深い意味があり、共同体の暮らしを支えるさまざまな農作業を行うのに適した時期を示すものだった。たとえばスウェーデンでは、『樹林 *Sylva*』の最終版（1825年出版）に記されているように、カバノキが葉をつけることは、春まき大麦の種をまく合図だった。またリンネ（1707～1778年）は、「国家の公共福祉と人々の私的な幸福の基盤となる」農業活動の最高の指針として、「それぞれの木がいつつぼみを膨らませ、葉を広げるかを……観察するよう同胞に勧めた」と言われる。[1] 季節の変化を把握することは共同体の生活においてきわめて重要だった。

誕生と豊穣にかかわりのあるカバノキは、ヨーロッパの言い伝えでは「女性」として扱われることが多く、アングロサクソン民族の女神エオストレ（「イースター（復活祭）」の語源）など、春を象徴する古代の神に結びつけられている。また、古代ケルトの豊穣の女神ブリギッド（古アイルラ

ウェストヨークシャーのマーズデンで行われる、春の到来を告げるインボルクの火祭り。

ンド語では「ブリギッド」は「ブリード」とも呼ばれ、「インボルク」の祭りと関連づけられる。インボルクは4つの季節の祭りのひとつで、伝統的に冬至と春分の中間点において、日が延び、春が始まることを祝う。最初期のアイルランド文学に登場するが、（女神の名前と特性を6世紀に存在したとされる女性に与え、その女性をのちにアイルランドの守護聖人と位置づけることで）後代にはキリスト教に取り込まれ、2月1日に祝う「聖ブリジッドの日」となった。インボルクには祝宴を繰り広げ、太陽が戻ってきたことの表現として焚火を燃やし、ろうそくを灯した。前夜には、ブリギッドを家へ象徴的に迎え入れ、一家と動物と作物に対して健康と豊かさと守護という恵みを与えてもらうために、ブリギッドをかたどってわらでつくった子供の人形（ブリード人形）を特別に用意したゆりかごやベッドに置くこともあった。[2] 人形の隣には、ブリギッドが「死んだ冬の口に命を吹き込むために」使う「杖」

を表すカバノキの棒を置くこともある。[3]

カバノキは、同じくらい古いケルトの祭りにも象徴的に結びつけられている。英語風にベルテーンと呼ばれるこの祭りは、春分と夏至の中間点で祝い、1年の後半の始まりを示すものだった。現在ではメーデーとして残っている。このときには動物を夏の牧草地に移動させるほか、カバノキやほかの木を燃やした大きな焚火の間を歩くなど特別な儀式を行うことで、暗い冬を屋内で過ごした家畜と人々を守り、清め、多産を祈った。アイルランドとスコットランドではこの習慣が19世紀後半まで途切れることなく続いていた。ベルテーンの焚火に対する関心は近年になってふたたび高まっている。[4] また、この機会にはさまざまな木や枝が装飾として町や村に持ち込まれ、家の外に置かれたり、春祭りの中心として公共の場所に設置されたりした。イギリスではサンザシ、つまりメイフラワー(学名 *Crataegus monogyna*)がこのような飾りのひとつだったに違いなく、それが「メイポールの先祖、メーデーのガーランドの起源、ジャック・イン・ザ・グリーン祭りと緑のゲオルギオスの装飾」とされてきた。[5] しかし北ヨーロッパでは、カバノキを使って春の到来を祝う習慣が広範囲で見られ、カバノキがメイポールとして使用されることが多かった。ウェールズの詩人、グリフィズ・アプ・ダフィドの作品から、この習慣が14世紀のウェールズにあったことが知られている。この詩人は、カバノキがかつて『堂々たる王権』が存在していた木々生い茂る斜面から追放されてしまったと嘆き、その「切り倒され、メイポール用にスランイドロイスに立てられたカバノキに捧げる」哀歌を書いたからである。[6]

とはいえ、春の到来を祝う共同体の行事は楽しいものであり、カバノキは町や村に鳴り物入りで運ばれてきたことだろう。地域によっては、ただ触れるだけで多産と幸運がもたらされるという信仰から、木や枝が家から家へと運ばれた。ときには枝をつけたままのカバノキをその場に残し、リボンやガーランドや花でカラフルに飾ることもあった。ウェールズでは風見鶏をかたどったものが頂に置かれる場合もあった。メイポールには他の木を使うこともあったが、緑豊かなカバノキの枝をつけることが多かった。ウェールズ南部には「Codi'r fedwen（カバノキを立てる）」という伝統行事があり、そのあとには「dawns y fedwen（カバノキのダンス）」が行われた。[7] 陽気な祝宴の好機とばかりに、村人が近隣の村から「幸運」にあやかろうとしてメイポールや（アイルランドでは）「メイブッシュ」を盗もうとしたため、寝ずの番をする必要があった。アイルランドではこのお祭り騒ぎに大人の一団が飲酒とけんかを持ち込むことが多く、ヴィクトリア朝的なふるまいに背いて大幅に節度を欠くものとなった。[8]

サー・ジェームズ・ジョージ・フレイザーは、1890年に2巻構成で出版された大著『金枝篇』で、ヨーロッパ全域における春と夏の到来を祝う伝統の詳細な研究を披露した。同書では、一年のこの時期にイギリスと中央・東ヨーロッパからロシアにいたる地域で見られる、カバノキに関連したさまざまな習慣を詳細に説明している。その中には形を変えて現在でも行われている習慣がある。フレイザーは、1583年にロンドンで出版された、道徳家フィリップ・スタッブスの『悪癖の解剖学 *Anatomie of Abuses*』にある軽蔑的な説明を引用しているが、それは「昔の楽しげなイングランドを生き生きと見せて」くれるのだという。スタッブスは次のように書いている。

ドイツで、支柱とロープを使ってカバノキのメイポールを立てる。

ピーテル・ブリューゲル（子）『聖ゲオルギオスのケルメスとメイポールを囲むダンス』、1620 ～ 27年頃。

5月、または聖霊降臨節、あるいはほかの時期に、老若男女が夜に森や林、丘や山に入り、一晩中楽しく過ごしたのち、朝になると集会の飾りにするカバノキの幹や枝をもって戻ってくる。[9]

チェシャーでは、メーデーの前夜に「メイバーチャー」が一軒一軒を回って「ユーモアあふれるメッセージを伝え」たほか、若者が恋人の家の扉にカバノキの小枝を取りつける風習があった。[10] フレイザーは、キリスト教の暦でカバノキが使用される日を挙げており、ここには聖ゲオルギオスの日（4月23日）と聖霊降臨節《ペンテコステ》（5月中旬から6月中旬までの1日）などキリスト教以前の習慣を取り入れたと思われる日、および「聖ヨハネの日」になった「夏至祭《ミッドサマー》」の前日にあたる6月23日が含まれる。また、たとえば「カランタニア人」（オーストリア南部）が聖ゲオルギオスの日に守っていた「緑のゲオルギオス」という習慣についても報告している。それによると、祭りの前日には若木を花やガーランドで飾り、「緑のゲオルギオスという、頭から足まで青々としたカバノキの枝で覆われた若者」を先頭に行列をつくって騒々しく運ぶ。その後この衣装は、「誰も気づかないほどうまく葉が茂った衣を脱いで人形と入れ代わる」ことができなければその若者もろとも、川か池に投げ入れられたという。フレイザーはこの行事が、夏に牧草が青々と茂るのに必要な雨が降るよう願って行われたと結論づけた。[11] また、ロシアのよく似た行事も詳しく語られている。説明によると、聖霊降臨節前の木曜日、ロシアの村人は、

森に出かけ、歌を歌い、ガーランドを編み、カバノキの若木を切って女性の衣服を着せるか、色とりどりの布切れやリボンで飾る。そのあとに開かれた祝宴の最後に、着飾ったカバノキを陽気に歌い踊りながら村に持ち帰り、一軒の家の中に立てる。このカバノキは聖霊降臨節まで名誉ゲストとしてそこに留まる。それまでの2日間、人々は「ゲスト」がいる家を訪問するが、3日目の聖霊降臨節にはこれを川に持っていき、水中に投げ入れる。ガーランドもそのあとに放り投げる。[12]

フレイザーは次のように付け加えている。

ロシア中のあらゆる町と村は、聖霊降臨節が近づくと庭園のようになる。各地で通りに沿ってカバノキの若木が立ち並び、どの家もどの部屋も枝で飾られる。線路を走る機関車もこの時

期は緑の葉で飾られる。[13]

フレイザーが描写していた行事は、復活祭後の7回目の木曜日に行われる「Rusal'naia」――草木の新たな芽生えや、「セミーク」という古いスラブの祭りと関連がある――の行事に一致する。これは「ルサルカ」という女の水の精霊と結びついていた。春になると自分の居場所を離れ、生命の元となる水を畑と作物に運ぶと信じられていた精霊である。しかし19世紀になると、この精霊は男のせいで不幸な早死を遂げた娘の魂と結びつけられ、若い男を死に追いやろうとすると信じられるようになった。この精霊はこの時期に最も危険な存在になり、夜になると水から出てカバノキやヤナギの木で戯れると考えられたのだ。そのため、毎年の祭りではルサルカを追い払い、精霊をなだめるために農家の女性が枝に供え物をぶら下げる必要があった。[14] リボンをあしらったカバノキの木や枝で建物を飾る「セミーク」祭は、ロシアの一部でいまでも行われている。そこでは、カバノキの生殖力を象徴的に土地へ移すために、特別な木に捧げられる儀式が行われ、「ハラヴォード」という伝統的なダンスが踊られる。

今日、ロシア正教ではカバノキの枝が装飾として一般に用いられ、聖霊降臨節や三位一体の日曜日のミサでは、豊穣と聖霊の生命力の象徴として聖職者がカバノキの枝を手にもつ。

一方、フレイザーによれば、スウェーデンの一部ではメーデーの前日に、

若者がそれぞれ、全体または一部に葉がついたカバノキの小枝の束を集めてくる。村のバイ

「トロイツァ」（聖霊降臨節）を祝ってカバノキのガーランドをまとうロシア、ウラジーミル州スーズダリの女性。

ロシアの「セミーク」祭で、祝祭行事の中心となる装飾したカバノキを運ぶ。

オリン弾きを先頭に、5月の歌を歌いながら家々を回って歩く。歌には好天、豊作、世俗的・宗教的な天の恵みへの願いが込められている。中のひとりはバスケットを手にし、卵などの贈り物を集める。歓迎されれば、小屋の扉の庇に葉のついた小枝を取りつける。[15]

「5月の女王《メイクィーン》」や「5月の王《メイキング》」の装飾や仮装にもカバノキがふんだんに使用された。リトアニアでは、祝祭の催しの一環としてカバノキの枝に包まれたかわいい少女が装飾された「メイツリー」の横に立つ。一方ドイツではメイキングがカバノキで覆われた木枠の中に隠れることもあった。人々はお祭り騒ぎの最中にその正体を当てなければならず、外れた場合はビールを取り上げられた。バイエルンでは、花を飾ったカバノキの樹皮の山高帽で仮装した若者のひとりがメイキングとなり、地元の人々をからかう儀式に参加したのち、正体を明かしてお供えの食べ物をねだった。フレイザーによれば、仮装した人物は「草木の精霊」の似姿ではなく、その精霊を実際に代理する存在とみなされており、住居と家畜小屋を清めたうえ、カバノキの枝と花でつくったガーランドや「冠」で飾る春や夏至の祭りは、この生命力を人々や動物に授けるために行われたのである。ただしフレイザーは、メイポールが一般には最後に燃やされることから、メイポールを立てて飾ることとこれに伴う祝祭は、お祓い・再生プロセスの一環として重要だったと強調している。ジョン・イヴリンは、カバノキが春に大量の樹液を生産できる能力は、この「超自然的な力とすばらしい美点を明らかに自分へ引き寄せる」能力のみによって説明できると述べている。[16] 地域によっては、確かにカバノキとその樹液に特別な治癒力があると考えられていた。たとえばチェコでは、障害者が3月（「カバノキの月」）の初日にこっそりとカバノキのもとへ行き、幹に切れ目を入れて自分の血を一滴垂らした布切れを中に挿し込むことがあった。樹皮の切れ目が治癒し、布と一緒に成長したら、病は治癒したものとされた。[17]

　メイポールを囲んで踊る伝統を含め、春や夏の到来を祝う風習のいくつかは、イギリス諸島にいまも残る。スカンジナビア諸国などヨーロッパのほかの地域では、カバノキを儀式に使用する習慣が現在でも広く見られる。ドイツ、とくにニーダーザクセン州には、聖霊降臨節の行事として「聖霊降臨節の植樹《プフィンクストバウムプフランツェン》」がある。これはガーランドとカバノキを家の前に設置する習わしで、町や村には装飾した木やガーランドを間に渡した2本の木が立てられる。フィンランドでは、夏至祭の日に2本のシダレカンバを家の戸口の外に立てる伝統がいまだに存在する。同じような風習はルーマニアの一部にも見られ、葉の茂ったカバノキの枝を家の門に飾ったり、扉の両側に立てたりする。

ドイツのメヒターセンで、「プフィンクステン」（聖霊降臨節）を祝い、町の入り口の2本のカバノキにカバノキで飾ったガーランドを渡す。

さらに5月1日には若者が未婚の女性の家の前に大枝を置く習慣があった（かつてドイツでもよく見られた習慣である）。また、カバノキは婚礼や堅信礼などの機会に教会の装飾としても使われている。聖霊降臨節に教会の信者席をカバノキの枝で飾る習慣は、19世紀後半までイングランドの広い範囲で見られた。サマセット州フルームの洗礼者聖ヨハネ教会ではこの伝統が継承されており、地元ロングリートの地所から集められたシダレカンバの枝が身廊と側廊を隔てる柱に取りつけられる。こうするのは、枝が

伸び盛りで……生命の再生を象徴するからである。そして教会内の空気の流れで葉が揺れる音は、聖霊が使徒たちに下ったときの「激しい風が吹く」音を表している。[18]

こうした行事は、カバノキには幸運をもたらすだけでなく、さまざまな害から守る象徴的な力があるという、ヨーロッパで昔から広く見られる信仰にも関係があるようだ。こうした害のひとつが稲光である。ルーマニアの一部では、いまでも聖霊降臨節（および復活祭）に葉の茂ったカバノキの枝を集めて教会で聖別する。地域によっては聖別したあとにこの枝を燃やすが、それは祈りと「特別なまじない」に加えて枝を燃やすことで嵐から守られると信じているからである。これは北欧神話に見られる信仰と同じものだろう。北欧神話では、トールにとって神聖な存在であるカバノキが力と稲光からの守護に結びつけられていた。[19]

ルーマニアのトランシルヴァニア地方では、いまでもカバノキの枝がお守りとして十字架に、または道路や橋の脇に置かれる。バルカン半島の一部では昔から、聖ゲオルギオスの日は呪いを破ることができる吉日とみなされている。アルバニアのクケス州にあるノヴォセイ村では、5月初旬の聖ゲオルギオスの日に、少女を含む女性たちによる伝統的な音楽、ダンス、歌に合わせて、「ポトカ」として使うカバノキの枝を集める儀式が行われる。[20]「ポトカ」とは、黄泉の国の強力な力や霊のシンボルで、「豊かさと豊穣を生み出し、よそ者である悪霊を追い払う」ことができると信じられている。[21]各家庭でそれぞれに行われる儀式では、カバノキの葉を卵とともに水に入れておき、その水を使って子供の体を洗う。カバノキの小枝は家庭菜園や自家用車など、家の中や庭にある大切なものの中や間に置かれる。「ポトカ」には、罪人を追い払い悪霊から身を守るための伝統的な境界線として象徴的な意義もあり、次のような存在とされている。

ロシア、セルギエフ・ポサードの至聖三者聖セルギイ大修道院で、モスクワ総主教キリル1世が徹夜祭を執り行う。

私はこの共同体または家系の先祖たる守護霊である。おまえが私の共同体または家系に属さないのであれば、私が立つ場所より先に行ったり、家畜を行かせたりしてはならない。私には神聖な禁忌を犯す者に不運や害をもたらす魔力があるからだ。そして共同体は私を怒らせるものに罰や罰金を科すだろう。[22]

「ポトカ」は盛り土でもつくられたが、カバノキの杭や木が使われる地域もあった。アルバニアでは20世紀半ばまで、春祭りの日に行われる村の境界の提示として、村のお年寄りが若者に伝統的な境界の印を厳かに示すという昔ながらの儀式が行われていた。

イギリスを含むヨーロッパのほかの地域では、「教区の境界を検分する」という古い風習（境界標識を崇拝するという、古代ローマかそれよりさらに古い伝統に端を発すると思われる）が守られ

1913年にバークシャーのハンガーフォードで行われた教区の境界の検分。

ていた。これには、教区の境界を再確認し維持するだけでなく、そのまわりに住み、干渉する者に害を与えると信じられていた悪霊や幽霊を清め、追い払うという意味もあった。聖職者に率いられた行列の最中、少年の一団を含む教区民は道に沿って境界標識を（大方の記述によれば）ヤナギかカバノキの枝で叩いた。[23] 儀式的に叩くというこの行為は、道中さまざまな間隔で少年たちにも及んだ。１７４７年にドーセットのある教区牧師が記しているように、「思い出として少年たちを叩く」、またはどうやら同じ理由で少年たちの頭を境界の石にあてる、ということが行われていた。イングランドでは、（続いてきた、または場所によっては復活した）境界の検分は伝統的に復活祭の5週間後の「祈願節」（Rogation days／ラテン語で「請願する・嘆願する」を意味する「rogare」に由来）に行われていたという。この習慣は、犬を犠牲に捧げて農作物の病気を司る神をなだめようとする古代ローマの「ロビガリア」の儀式

ベルギー、バンシュのカーニバルでカバノキの小枝の束を手にする、
「ジル」と呼ばれる少年と男たち。

に由来し、イギリスでは7世紀に取り入れられたと考えられている。この祈願節の儀式では、断食、祈祷、作物の聖別が行われた。宗教出版協会（Religious Tract Society）は1842年に、「宗教改革まで」境界の検分は「イングランドでは往々にして大量の飲酒とどんちゃん騒ぎを伴い、かなり迷信深い儀式をもって行われていた」が、「こうした儀式の荘厳さがだいぶ失われたあとでも、行列と（「カバノキの枝」で）家を飾る風習は残っていた」と記している。さらに、1657年には「ある旅人」がバッキンガムシャーのブリックヒルをこの時期に通った際に、「町の中にあるどの標識も青々としたカバノキで飾り立てられていた」と書いている。[24]

枝で叩くという儀式は世界各地の風習として残っている。ベルギーのバンシュでは、14世紀から開催されてきたカーニバル（ユネスコの「人類の口承および無形遺産の傑作」に認定）が最高潮に達する「告解火曜日」に、白い仮面とカラフルな衣装をつけた「ジル」と呼ばれる1000人もの男たちが町中を踊り歩く。このときそれぞれの「ジル」は、冬を追いやり、悪霊を追い払うために、カバノキの小枝をヤナギで束ねた「ラモン」を手にもつ。[25]

同じくチェコでは、復活祭月曜日（この日、プラハ中心部にはイースターエッグで飾ったカバノキの若木が立てられる）の由緒ある伝統として、一年の健康と多産を願い、編んで装飾を施したヤナギの枝「ポムラースカ」で男性が女性の脚とお尻を象徴的にたたく（たたく方は、色を塗った卵やプラムブランデー「スリヴォヴィッツ」1杯を「ごほうびにもらう」）。このような扱いは、ヨーロッパでは女性だけでなく牛やその他の家畜に対してもよく見られたようである。スコットランド高地の言い伝えによると、カバノキの枝で追われた牛は妊娠し、同じような待遇を受けた妊娠中の牛は健康な子牛を生むという。

守護という点では、とくに悪霊や、昔から悪さをすると思われている生き物に対して、カバノキの小枝はとりわけ重要な意味をもっていた。ルーマニアでは、ハンガリー系のチャーンゴー族がいまでも聖ゲオルギオスの日の夜にカバノキのほうき――普段は扉の後ろに置いてある――をもって家のまわりを3度回る。こうすることで「悪い者」が家の中に入るのを防げると信じられているが、この信仰はいまでは廃れつつあるようだ。[26] 一般にカバノキの小枝は、魔女が人や家畜に働くと信じられていた悪さから身を守り、それを防ぎ、または取り消すために、家や納屋の扉の上方に取りつけてあった。フレイザーによれば、ドイツの一部ではメーデー前夜にあたるワルプルギスの夜（別名「ヘクセンナハト」つまり「魔女たちの夜」）に、「魔女が牛に近づかないよう、扉と堆肥の山に「カバノキの小枝」を置いた。[27] 悪霊はカバノキの小枝に絡みつかれるため、こうすれば捕らえられるという信仰が大昔から各地にあったという。そのため、魔法をかけられたと思われる家を清めるにはカバノキのほうきや枝ぼうきを使った。こうして汚れたほうきを手に入れた魔女は、その小枝を使って自分が仕事で国中を飛び回るためのほうきをつくることもあった。中世ヨーロッパで魔女だと告発された不幸な女性は、あらゆるものに乗った姿で描かれていたが、魔女とカバノキのほうきの結びつきは現在でも残っている。スカンジナビア半島では黒死病を擬人化する際に、惨事をもたらすのに使う熊手かカバノキのほうきを手にした老女や魔女として描くことがあった。

ということは、カバノキの象徴体系は根本的に相反する面を備え、（文学や芸術におけるカバノキの表現にも見られるように）邪悪な力や不幸と結びつく場合と、善をもたらす力として作用し、

チェコのプラハで、復活祭の飾りつけを施されたカバノキ。

『魔女と魔法使いの歴史 *The History of Witches and Wizards*』（1720年）の挿絵。

新たな生命や守護を授ける場合との両方がある。カバノキが守護樹として位置づけられていたことについては、古アイルランド語（600～900年頃に使用された言語）で書かれたオガム文字に関する論文、『オガムの書 *In Lebor Ogaim*』と、7世紀の作と考えられる『学者の入門書 *Auraicept na n-Éces*』で触れられている。こうした資料の説明によれば、オグマというアイルランド神話で重要な人物が教養ある人々のためにアルファベットをつくった。その文字で初めて書かれたメッセージは「1本のカバノキの枝に書いた7つのb」で、これはアイルランドの神ルグに、その妻が「カバノキによって守られなければ妖精の国またはほかの国に7回連れ去られる」という警告として送られた。オガム文字の最初の

ヨハネス・フリント『ソグネフィヨルド近くのカバノキの古木（スリンデビルケン）』、1820年頃。

「文字」は「┬」と書いて「b」と発音するが、これには古アイルランド語でカバノキを意味する名前「Beithe」が与えられたという。カバノキはオガム文字が最初に刻まれた木だったからである。[28]

中世初期に発明されたと考えられるオガム文字は、1～6世紀頃におそらく秘密の通信に使用されていた。主にアイルランドとブリテン島西部で見つかった碑文の大部分は、儀式用の石の端に一連の線や刻み目を彫ったもので、人の名前や所有権を示すと思われる印で構成されている。20の象形文字からなるオガム文字のうち、もともと木の名前に対応していたのは一握りだけだったが、おそらく中世後期、14世紀になってから、多くが木の名前の別名として再解釈されたと考えられている。作家ロバート・グレーブスは（さまざまな架空の作品に影響を受け、すべての象形文字がその文字で始まる木にちなんで名づけられたと誤認して）、このアルファベットの構成を誤解した結果、著書『白い女神 *The White Goddess*』（1948年）で、それが月の女神の崇拝に関する古代の信仰を記号化したものであり、「季節ごとの木の魔法の暦」を示してもいる、という間違った説を提示した。これがもとで『「木の十二宮図」づくり』が始まり、数十年にわたって「キリスト教化以前のケルト社会で実践されていた占星術の形態に関する真面目な研究にとって、ほとんど乗り越えられない障害」が生じた。[29]

住居のそばに守護者または「番人」の木を植えるという考え方は、かつてドイツとスカンジナビア諸国を含むヨーロッパの一部で一般的だった。このような木（かつてノルウェー西部にあり、1874年に吹き倒された有名なカバノキ「スリンデ」を含む）は、墳丘墓にも植えられていた。ヴァイキング時代にさかのぼると思われる、そして現在でもスカンジナビア諸国の一部の家族経営農場で見られる伝統では、農場の最初の持ち主の墓に本人とその子孫に対する敬意の印として木を植えたり、あるいは農場の中心にある中庭に農場の安泰を願って木を植えたりする（この木をノルウェーでは「tuntre」、スウェーデンでは「vårdträd」と呼ぶ）。この木を大切にすることは、祖先や木の中に住むと信じられた大地の霊に敬意を示すことだった。またその木のそばに暮らす一家は、その木に関連した姓を名乗ることがあった（有名な例がカール・フォン・リンネ（リンナエウス）であり、実家にあったシナノキが名の元になっている）。過去には、番人の木を傷つけることが重大な罪だとみなされていた。一般にはセイヨウトネリコやナラなど寿命の長い木が多いが、標高の

シベリアのマンシ族の聖地では、魚の霊へのお供えとして木の枝に布やお金が吊るされている。

高い土地ではカバノキが守護樹になることが多い。[30]

スラブ人も昔からカバノキは特別な守護霊の化身だと信じていた。人が死ぬとその魂はカバノキに「転生する」と思われたのである。また、カバノキは「邪悪な目」を追い払うこともできると考えられていたため、家のまわりや村内に植えられた。[31] 先に述べた「セミーク」祭では、この伝統を継承して今でもカバノキを植えている。ロシア版『シンデレラ』とも言える『ふしぎなカバノキ』では、カバノキが主人公を救う妖精の役を担う。主人公の娘の母親は意地悪な魔女によって羊に変えられ、その骨を埋めたところからカバノキが生える。この魔法の木の枝は、娘が継母から言いつけられた困難な仕事をこなすのを助け、さらには夢見る王子と出会って結婚できるように衣装や馬まで与えてくれるのだ。ロシアでは、精霊、すなわち木が体現すると信じられていた「母なる女神」像へのお供えとして、または霊界に対する木の特別な意味を示すために、カバノキの枝にカラフルな布切れを吊るす伝統があった。[32]この習慣は、30を超える独特の文化が認められるシベリア各地の聖地にいまでも残っている。

ブリヤート族（シベリア最大の先住民族集団で、主にバイカル湖に近接するブリヤート共和国に暮らす）など一部のシベリア先住民族にとって、最も神聖な木であるカバノキは大地と精霊が住む領域とを結ぶとりわけ重要なものである。守護樹が宇宙の中心軸をなし、天上の世界のみならず地下の世界まで——別の意識状態における、ほかの領域への旅の入り口へ——延びるという世界観は、世界のいくつかの神話に共通して見られる。19世紀末にふたりのブリヤート人が行った研究には、新人のシャーマンに課される通過儀礼が記録されている。

最初の通過儀礼の特徴は、切り倒したばかりか、根から引き抜いたばかりのカバノキ数十本とマツの木1本を使うことだった。木は共同体の墓地に近い森から採ってきた。木を調達する手続きには生贄が用意された。根から掘り起こされた1本のカバノキをユルト［中央アジアの遊牧民が居住する円形テント］に運び入れ、木の頂が排煙用の穴から出るように住居内に設置する。この木はシャーマン志望者に対して天の神々へと通じる道を象徴的に開く。このカバノキは、通常は通過儀礼の終了後もユルト内に残された。残りの木はユルトの前に並べられた。通過儀礼では、それぞれの木に名前があり、特定の機能を担っていた。人々は木にシャーマニズムにかかわる品や装飾を吊るしたり、生贄の動物を縛りつけたりした。1本のカバノキは、シャーマン志望者が登り、頂でシャーマニズムの儀式を行い、神々と亡くなったシャーマンの先祖を呼び出すために使われた。[33]

このような儀式とカバノキの神聖さに対する信仰は、現在でも多くのブリヤート族の中に息づいている。見習いのシャーマンは、天上界に住む頼りになる精霊と関係を築くべく、その世界に入るための厳しい試練である儀礼、「シャナル」を行うが、その際にカバノキを9つの異なる領域、つまり天上界の9区分にアクセスできる9つの枝をもつという宇宙樹に見立て、木に登る。シャーマンの魂はこの宇宙樹の上で鷲など鳥の形に生まれて上昇したのち、完全な力を得るという。頂に着くと、「昇天」の儀式の一環としてシャーマンは9つの領域、すなわち「シャーマンの天空」を表す9つの刻み目をつける。[34] 精霊の先祖に祝福への称賛と感謝を表するために、地域の中心地ウラン・ウデで毎年行われる「天の扉を閉める」儀式では、シャーマンはバイカル湖の大いなる13の精霊を儀式用に運んできたカバノキに呼び入れる。その後、これらの木を儀式として燃やすと、宿っていた精霊は一時的に天へと戻る。[35]

よく似た信仰は、シベリア北東部サハ共和国のヤクート族にも見られた。ヤクート族のシャーマンは、それぞれ聖なるカバノキと霊的に結ばれていると言われていた。[36] このカバノキは、シャーマンが（たとえば助けを求めたり病を癒したりするために）精霊の導き役を含む超自然的な存在と通信するのに必要だという意味で、シャーマンの生命を左右する存在だった。ヤクート族の信仰によれば「それぞれの一族や家系に、殺したり名前で読んだりしてはならない守護動物があり」、その精霊はシャーマンの守護者のような働きをすることから、「（シャーマンの）衣装の表にはその像を

ブリヤート族のシャーマンがバイカル湖の大いなる精霊をカバノキに呼び入れる。

彫った銅のバッジを縫いつけた[37]」。サモエード族は、「芽吹いた小枝に宿る……生命力……はほかの存在に移る」と信じ、死んだクマをカバノキの小枝で叩く儀式によって、その魂が霊界への旅路で助けを得られるように計らった[38]。

シベリアの森林に暮らす民族の伝統文化におけるカバノキの霊的な重要性は、よく木のそばに生える幻覚誘発性の毒キノコ、ベニテングタケ（学名 Amanita muscaria）とのつながりを通して強調されたという説がある。鮮やかな赤地に白い斑点のある傘というこの典型的なキノコの子実体は、精神活性作用をもつアルカロイドであるムシモール、イボテン酸、ムスカゾンを含み、摂取すると中枢神経系の神経伝達物質受容体と反応する。インドとイランでは早くも紀元前2000年頃から幻覚作用のある聖なる飲み物として「ソーマ」が用いられたように、こうしたアルカロイドは精神活性作用のある幻覚誘発物質として、北ヨーロッパとアジアで宗教と快楽

毒キノコのベニテングタケ（学名 Amanita muscaria）。とくにカバノキの成木のそばに生えることが多い。

の目的に使用されてきた長く興味深い歴史を背負っている。[39] シベリアとフィンランドを含む北ヨーロッパの一部では、昔からトナカイを飼う人々が、宗教儀式やシャーマニズムの儀式のために乾燥キノコ（こうするとイボテン酸がより強力なムシモールに変わる）を摂取してきた。キノコを食べると空間認識が乱され、肉体を離れるような感覚と、ほかの存在と通信できるような感覚が得られるという。ほかの人とトナカイもシャーマンの尿を飲むことで向精神作用を体験できたと報告されている。[40]

シベリアの一部の共同体では、カバノキの内樹皮でつくったお守りを、シャーマンは出産に関する占いのために使い、妊婦は胎児が大きくなりすぎずにお産が軽くなるようにと縫い物と一緒にしておいたと言われる。母親は、この「カバノキのおまじないをかけた生地」からつくられた衣服を出産後1週間着ることになっていた。のちにこの

マーク・サクリー作「ナナボホとサンダーバード」のためのカール・ガウボーイによる挿絵。1992年の『スペリオル湖 *Lake Superior*』誌に掲載。

洋服は、ほかの人に「汚染」を引き起こさないよう、カバノキの箱に入れて森の奥深くに残された。[41] かつてロシアの親は、悪霊が子供に近づかないよう、カバノキの内樹皮を使って同じような魔よけのおもちゃやお守りをつくっていたと言われる。[42] カバノキが霊的な支援と守護をもたらすという考え方はアメリカ先住民にも見られる。カバノキは人々に住まいや暖かさや薬などをもたらし、多くの人にとって欠かせないヘラジカやシカやビーバーといった動物に食料と生息環境をもたらすなど、文化と暮らし方の基盤となる多くの重要な素材の供給源である。そのため、生命のないモノではなく生きた存在とみなされ、物理的な意味でも霊的な意味でも人々を守る力と位置づけられていた。カバノキをゆりかごから墓場まで使用していたオジブワ族やほかのアルゴンキン系部族の神話では、最初のカバノキは、ほかの人を常に実際的な方法で助ける才能に恵まれていたが戦死してしまった若者、ウィグワースの化身として生えたとされる。ウィナボホ（ナナボーゾやナナブッシュを含むさまざまな名で知られる強力な精霊）とカバノキの伝説によると、世界が存続するかぎりカバノキは人間を守り、恵みを与えるという。カバノキは、ウィナボホ――「意識をもつすべての生命体の源であり化身」にして、生き物に敵をだしぬく方法を教えた存在とみなされる――を神話上の生き物、サンダーバードの攻撃から守ったほうびとして、樹皮の有用な特性と人々を稲光から守る力を受け取った。[43] 物語では、サンダーバードをだましてその巣に入り込み、ひなを殺してその羽根を矢に使うために盗んだウィナボホが、怒って目から稲光を放ち、雷鳴のような恐ろしい声をとどろかせる親鳥に追われる。ウィナボホは間一髪でカバノキの幹の空洞に身を隠し、サンダーバードには捕まらずにすむ。カバノキは「サンダーバード自身が生み出した存在であり、ウィナボホは守護を求めてそこに逃げ込んだからである」[44]。ウィナボホは、今後、この木は稲光から人々を守るとともに、その樹皮は多くの有用な特性をもち、腐らないだろうと宣言する。しかし木を敬い、樹皮を採取する前に許可を求めなければならない。樹皮がほしければ、根本に供え物をし、感謝を示さなければならないのだ。この伝説の別のバージョンによると、現在カバノキの樹皮に見える独特の模様は、サンダーバードが投げた稲妻がつけた、またはウィナボホを捕まえようとして鋭い鉤爪がつけたという。または、ウィナボホ自身がこのできごとの記念としてつけたもので、樹皮上の「絵」はサンダーバードのひな鳥が翼を広げた姿だという話もある。また別のバージョンでは、この印は木が年老いた呪術医のキャンプをくせもののコヨーテから守るのを忘れたために、松葉と鳥の羽根で叩かれた跡とされる。その後、木は常に人間の役に立つという約束を破ることはなかったという。

第5章　森の貴婦人——カバノキのイメージ

カバノキが神秘的なもの、人知を超えたもの、あるいは「別の世界のもの」であり、精霊と妖精のいる超自然の世界につながっているというとらえ方——月光を受けて銀色に浮かびあがる幹から連想されたに違いないイメージ——は、昔から変わらない理解として文学や芸術におけるカバノキの描写を支えてきた。ゲールの言い伝えでは、カバノキは死者の領域だけでなく、墓からの帰還にも結びついている。古い民謡にカバノキの「杖」が登場するときは、伝統的に「生者と死者を結ぶ」シンボルとして使われてきた。[1] カバノキをめぐるこうした連想は、17世紀の作者不明のバラッド［中世から近代にかけて流行した物語詩］「アッシャーズウェルの女」でも暗示される。このバラッドは、ウォルター・スコット卿がスコットランドの老女から聞き、『スコットランド辺境歌謡集 *Minstrelsy of the Scottish Border*』第2巻の「空想的なバラッド」のひとつとして1802年に初めて出版した。心を打つ歌で語られるのは、老婦人（「carline」という単語が使われているため、この婦人は魔女とも見られていたのかもしれない）の3人の息子が海で溺死するが、天国の門のそばに生えるカバノキの樹皮でつくった帽子をかぶり、霊として少しの間だけ黄泉の国から戻ってくる、という話である。

聖マルティヌスの祭日、
夜が長くて暗い時期に、
老婦人の3人の息子が帰ってきた、
カバノキの帽子をかぶって。
その木はスカイ島にも水路にも生えず、
窪地にも生えていなかった
けれども天国の門のそばには
そのカバノキは立派に生えていた。

霊はカバノキのおかげでなつかしい家を訪問できるかもしれないが、まもなくあの世での暮らしに戻らなくてはならない。ナイアル・マッコーティアは、アイルランドの樹木をめぐる神話、伝説、言い伝えに関する著書の中で、カバノキはこの世での誕生を象徴するだけでなく、あの世での生命も象徴する存在として使われてきたと指摘し、「死者をよみがえらせるというカバノキの力は、『木の戦い』（中世ウェールズの詩。伝説上の人物「グウィディオン」が森の木々に魔法をかけ、自分の軍隊として戦わせる）にカバノキが謎めいた形で登場する説明になるかもしれない。この中には『我々はカバノキから生まれた／魔法を解く者が我々を元どおりにするだろう』とある」と述べている。[2] マッコーティアは、古代ケルトの伝承には対照的なテーマとして、愛のシンボルとしてのカバノキがあると指摘している。その例が、14世紀のウェールズの詩人ダフィド・アプ・グウィリムで、詩人は「自分が恋する尼僧に『愛しい乙女よ、夏に目覚ましい成長を遂げるカバノキを求めないなどということがあるだろうか』と問い、そのあとで、枝を広げるカバノキのもとへ自分と一緒に来るよう彼女を誘う」。マッコーティアの説明によれば、「カバノキと愛の結びつきは、ウェールズの詩に一貫して見られるものだった」。[3]「占星術植物学」（病気は惑星や天体の配置に影響を受け、その治療には植物が役立つという考え方）の実践者として名高い17世紀のニコラス・カルペパーは、著書『カルペパー ハーブ事典』の中で、カバノキをほかの多数の植物と並んで「金星の木」に指定している。[4]

その後数世紀にわたり、カバノキを取り上げた詩ではカバノキが女性や若い女性と結びつけられていた。とくに若木のほっそりした幹と、髪の毛のように見える垂れ下がった枝が女性の姿形にたとえられている。そうして、グリフィズ・アプ・ダフィドは「切り倒され、メイポール用にスランイドロイスに立てられたカバノキに捧げる」哀歌で、詩人が明らかにミューズとみなしているカバノキのことを次のように嘆いた。

いまや木々生い茂る斜面から追放されてしまった……緑の髪の毛を台なしにして……ワラビの茂みは君の姉妹たちが身を寄せる無防備な苗木をもう隠してはくれず、分かち合う神秘や秘密も、君の大切な軒下の影ももうないだろう……美しい詩人の木よ、君はもう渓谷の鳥の安否を

ヘンリー・マシュー・ブロックによる『古バラッド集 *A Book of Old Ballads*』（1934年）の「アッシャーズウェルの女」の挿絵。

尋ねようともしない。[5]

木は自然な状態から取り除かれたことで汚されたように見える。カバノキを「finnbhean na coil-le」すなわち「森の美しい女性」になぞらえることも、アイルランドのゲール語の詩でよく見られ、カバノキを「森の貴婦人」とするサミュエル・テイラー・コールリッジ（１７７２～１８３４年）の類似した描写に影響を与えた可能性がある。この比喩は、コールリッジが詩「絵、あるいは恋人の決意」で用い、その後たびたび引用されることになったものである。１８０２年に書かれた、「彼の愛を断念するという恋人の決意」とそれが不可能であることをテーマとするこの詩は、詩人自身の人生における騒動を反映している。[6] 手の届かない愛する女性をめぐる内省の背景として、人間を悩ませる厄介な問題と制約からの解放感と同一視される自然が、カバノキが象徴する光と春のイメージを通して表現される。

私は光の中へと進む――自分を見つける
シダレカンバ（森の木々のうち
最も美しい、森の貴婦人）の下に

春の青葉のみずみずしい美しさと夏の木漏れ日は、優美な形ともあいまって18世紀と19世紀のロマン派の詩人を魅了したようで、カバノキは彼らの詩における純粋無垢と美のシンボルになった。

イーゴリ・エマヌイロヴィチ・グラーバリ『カバノキの下で』、1904年、カンヴァスに油彩。春夏のカバノキとロマンスとの結びつきを代表する絵画。

時代の秩序と先立つ時代の「合理主義」に挑む運動の中心にあって、ロマン派の詩人は空想が秘める癒しの力を信じ、自然から多くのインスピレーションを得た。個人の強調された感情と子供のように無垢なビジョン――霊的な再生（および慣習と物理的制約からの解放）を達成するのに役立つと思われた――を表現する手段として用いられたその詩は、自然界に対する官能的なイメージと特別な崇拝の念に満ちていた。[7] この例は、ジョン・キーツ（1795〜1821年）の「繊細なカバノキの／銀色に輝く幹」という表現に見ることができる。キーツがエドマンド・スペンサーの叙事詩「妖精の女王」にインスピレーションを得て書いた、ロマン主義的な冒険を綴った詩「カリドール」に登場するものだ。「美のあらゆる要素に対するすばらしい感受性に恵まれた」キーツは、ラファエル前派の運動にとって中心的なインスピレーション源となる。[8]

1834年に出版されたコールリッジ晩年の詩、「ダークレディのバラッド」にも、カバノキと繊細で女性的な美との結びつきが、わずかな言葉で描き出された情景にはっきりと認められる。

銀色の樹皮と美しく垂れる枝をもった
あのカバノキの下で
細い滝が岩にあたって水しぶきが飛ぶ
辺りは一面に苔むしている！

ウィリアム・ワーズワス（1770〜1850年）も、シダレカンバの垂れ下がった枝を想像

ジョン・マクワーター『森の貴婦人』、1876年。

上の女神の「輝く髪の毛」になぞらえ、カバノキを女性的で優雅で無垢なものに結びつけた。1820年出版のソネット集に収められた「ダドン川」で、「カバノキの金色の水門」は「記憶の化身……天に座す神聖な存在」のイメージを生み出すために使われている。この「記憶」は時間の「檻」に囚われているが、これを支配する結びつきの法則によって時間の制約から自由になることができる。[9]

似つかわしくない御座、どんよりとした時間の
檻から、勝ち誇った記憶が飛び出してくる
その輝く髪の毛は束ねられているが、軽やかで自由だ
色褪せていく年のあらゆる荒々しさからはほど遠い
優しくそよぐ風で上下する
カバノキの金色の水門のように！

人気の高いヴィクトリア朝の詩人、アルフレッド・テニソン卿（1809～1892年）も、寓意詩「アンピオン」（1842年）で、「かぐわしい髪の毛」を揺らすカバノキを引き合いに出している。ただし、テニソンは自身の悲劇的な体験を踏まえ、喪失、悲しみ、憂鬱を扱った詩で知られている。また、シダレカンバの英名である「シルバーバーチ」という言葉を、枝が垂れ下がるカバノキを描写する詩的な別名として最初に使ったのはテニソンだと言われる。以来、この呼び名は

使われつづけている。[10] これは1830年頃の詩「葬送歌」の最初の節に現れる。

あなたの長い一日の仕事は終わった
手のひらを胸に重ね
腕を折り曲げて、寝所へ向かいなさい。
外は荒れ狂うままにして
シダレカンバ《シルバーバーチ》の影が
あなたの墓を覆う緑をなでる
外は荒れ狂うままにして

この追悼の詩では、死に臨んでのみ見出せる安らぎを強調し、自然が抱える悲しみは人が表現できる何ものをも上まわると言う。この詩におけるシダレカンバのイメージは、読者と、あの世という概念、および昔から民間信仰でカバノキと関連づけられてきたテーマである悲哀の描写とを結びつけている。フィンランドの叙事詩『カレワラ』は、エリアス・リョンロート（1802～1884年）が1800年代半ばに、1世紀以来「古い調べにのせて歌うこと」で伝えられてきたとされる詩やバラッドをもとにまとめたものだが、その中で英雄ワイナミョイネンが、人々のせいで葉と樹皮と枝を失って涙を流している、「銀に包まれ／銀色の葉と銀色の房をつけた」カバノキを発見する。[11] いさかいを調停できるのは、「聖なるカバノキを用い／夏につくられた／美しい魔法

ウィリアム・エドウィン・ティンダール（1863−1938年）『カバノキとワラビ、アデルムーア』。

モスクワの近くのカバノキ。氷と雪でたわんでいる。

のハープ」で、若い女性の髪の毛を張ったものだけである。[12]

喪失と「涙を流す」（ロシアで樹液の採取に隠喩として使われた言葉）という感情は、ウォルター・スコット卿による民謡「キルデア伯」（『スコットランド辺境歌謡集 *Minstrelsy of the Scottish Border*』1803年）で繰り返される。[13] この中で、キルデアの墳丘墓は「長い髪の毛を乱して／銀色の樹皮のカバノキが涙を流す」場であり、大きな影響力をふるったスコットの物語詩、「湖上の美人」（1810年）では、第1編「狩り」の終わりで「カバノキがかぐわしい香油の涙を流した」。「循環する自然界と自分自身の存在の物語との間で板挟みになった……この世では喪失にしかならない、人間であるという悲劇的な立場」は、18世紀後半にイギリスのロマン派詩人に大きな影響を与えたロバート・バーンズ（1759～1796年）の心をとらえたテーマである。[14] バーンズはこのテーマを掘り下げるため、カバノキのイメージを感性豊かに描きあげた。たとえば郷愁を誘う「草地の稜線」という詩（1792年）では「川のほとりに…かぐわしいカバノキが／露に濡れた透きとおるような姿で枝を垂れている」と謳われる。

　アメリカの詩人ロバート・フロスト（1874～1963年）も、人生のはかなさと、人生を超えたところに、または人生と並行して存在するもうひとつの現実に関心を寄せた。1916年に出版されたフロストの「カバノキ」は、ルーシー・ラーコム（1824～1893年）のよく似た詩「カバノキの枝で揺れて」に影響を受けている。この詩の中で詩人は現実と空想の両極で引き裂かれ、自分は子供の頃にカバノキにぶら下がって遊んだときのような心の平安をもはや見出せないこと、またいまの子供たちはほかの気晴らしで忙しいことを残念に思う。フロストは木に登ることで、日常生活を超えた、存在のひとつ上の段階に到達したいと切望する。おそらく自分の死を予期しているのだろうが、カバノキの枝にぶら下がることで、木が地に根を張っているように、常に地上に戻り、地に足をつけることができるのだ。日常の困難からの逃避は、一時的なものにすぎない。カバノキの枝を女性の髪の毛にたとえるお決まりの直喩を用い、フロストはかつて氷の重さでしなっていた枝を描写する。

　　地面に葉が跡をつけている
　　手と膝をついて髪の毛を前に投げ出し
　　太陽で乾かそうとする少女のように

詩人は続けて自分の願望を明かす。

カバノキの真っ白な幹に続く黒い枝をのぼり
木が支えられなくなるまでのぼって
私は天国に行きたい
しかし頂点に届いたら、また下に降りたい。
行くのも戻ってくるのも、どちらもよい。
カバノキにぶら下がるのも悪くない。

カバノキは韻文にも散文にも、場所を記述する強力な言葉として、また感情と郷愁に訴える帰属のシンボルとして使用されてきた。これはロシア文化でカバノキが担う、より一般的な役割にもあてはまる。カバノキは、春と光の詩的なイメージ、無垢と美のイメージとしてだけではなく、「母国」という概念と本質的なところで結びついた、ロシアそのもののシンボルとしても特別な地位を占め、ロシアに伝わる多数の民話、格言、詩、歌に登場する。ロシアの伝統的な舞踊曲の中でも多数のバージョンやタイトルがあって高い人気を誇るのは、「白樺は野に立てり」（ロシア語では「Beryozka」または「Berezka」）である。歌の出だしはこうだ。

Vo polye beryozka stayala,

Vo polye kudryavaya stayala,
Lyuli, lyuli, stayala,
Lyuli, lyuli, stayala.

白樺は野に立てり
白樺は風にそよぎ
リューリ、リューリ、野に立てり
リューリ、リューリ、野に立てり

この歌で、小さなカバノキは若く美しい娘のメタファーでもある。伝統的に、若くほっそりしたロシア女性の美しさは若木の美しさにたとえられてきた。よく読むと、歌の中の娘はカバノキの枝を使って楽器を作る。3つの小さなフルートとバラライカ〔ロシアの弦楽器〕をつくり、ある解釈によれば、これで愛する男を目覚めさせるのだ。すぐ覚えられる単純で心を打つ調べは、1790年に出版された最初の本格的なロシア民謡集（ニコライ・リヴォーフ〔1753～1803年〕が編纂）に収められている。いまではロシアの舞踊団（アンサンブル・ベリョースカ）が踊る「ハラヴォード」ダンス——円になってダンスフロアを浮遊するようになめらかに動き回る——の伴奏曲としてよく知られている。[16]「白樺は野に立てり」の調べはチャイコフスキーの交響曲第4番ヘ短調（作品36）の最終楽章に含まれるほか、2012年の映画『アンナ・カレーニナ』のためにダリ

ロシアの舞踊団、アンサンブル・ベリョースカ。「白樺は野に立てり」の調べに合わせて「ハラヴォード」ダンスを踊る。

オ・マリアネッリにより作曲・編曲された音楽にも取り込まれている。

人気の高いロシアの抒情詩人、セルゲイ・エセーニン（1895～1925年）も、ロシアの伝承を創作のインスピレーション源としており、カバノキについて書いたり、カバノキに触れたりした詩がいくつかある。とくに1918年に書かれた「緑の髪型」（Zelenaja Pričeska）では、詩人は木がほっそりとした若い女性であるかのように語りかけ、また1913年に書かれて以来、何世代にもわたって子供たちが暗唱してきた「カバノキ」（Berezka）は、郷愁と絆を表現している。しかし北アメリカでは、アメリカの詩人ヘンリー・ワーズワース・ロングフェロー（1807～1882年）の叙事詩『ハイアワサの歌』が、この主題の郷愁に満ちた扱いと美化で批判を招いた。1855年に出版されたこの詩に、カバノキは何度か登場する。

カバノキよ、おまえの樹皮を私にくれ！
カバノキよ、おまえの黄色の樹皮を！
おまえは急流のほとりに生え、
谷間に堂々とそびえている！
私は軽いカヌーをつくり……
川面をすべらせる
黄色に色づいた秋の木の葉のように
黄色い睡蓮のように！

（フィンランドの『カレワラ』のように）強弱4歩格で書かれ、アメリカ先住民の伝説と実在の人々をモチーフにした（16世紀のイロコイ族の首長の名を英雄につけた）この詩は、またたくまに人気を博したが、物語の構成にはかなりの変更を加えており、その過程で「高潔な野蛮人」のイメージを打ち出した。批評家のR・H・ピアースは次のように書いている。

ハイアワサで……（ロングフェローは）伝説を、安全が脅かされない程度に時間的な隔たりがあり、人々の心に訴える程度には空間的に近い過去に向ける感傷的な見方と合致させることで、インディアンを高潔な野蛮人として十分にイメージすることができた。ロングフェローがハイアワサを書いた時代、文明の対極に位置するものとしてのインディアン観はすでに廃れていたが、アメリカ人の意識にまだ重くのしかかっていた……。伝説とバラッドの口調は……読者がおぼろげな満足感を覚えたであろう、不鮮明で満足感をもたらす過去に溶け込むように、高潔な野蛮人を誇張するものだった。[17]

近代には、ロマン主義のレンズを通さずとも、カバノキはあいかわらず特別な感情が染み込んだ場所の感覚を際立たせるために用いられていた。これは小説家で詩人のナン・シェパード（1893～1981年）の作品に明らかである。シェパードはすばらしい「称賛に満ちた散文詩」である『生きている山 *The Living Mountain*』で、自分が愛する、そしてほとんど自分の存在にかかわる深い絆を感じている風景――ケアンゴーム山脈――を鮮やかに描き出した。1940年代に書かれたものだが、出版されたのは1977年になってからである。「生涯にわたる山の経験」を生かしたこの本は、ロバート・マクファーレンによって（2011年版に寄せたその序文で）「私が知るかぎり、20世紀のイギリスの風景論として最も優れたふたつのうちのひとつ」と評されている。「精密さを抒情主義の一形態として、注意を献身的な愛情として、正確さを賛辞として」用い、シェパードは次のように書く。[18]

山麓に生える他方の木、カバノキは、匂いを放つのに雨を必要とする。それはこくのある、年代もののブランデーのようにフルーティーな香りで、あたたかい湿った日にはその香りに酔ってしまう。知覚神経を通して作用し、高次の中枢を混乱させる。人は知力によって定義できる

カバノキの樹皮のカヌーに乗るハイアワサを描いた19世紀の版画。

理由もなしに興奮する。

カバノキは完全に覆われているときが最も美しくない。すばらしいのは、開きつつある葉が緑の輝きで木を点々とまだらに彩ったり、葉がいくらか落ちて木が金色のレースに姿を変えたりするときで、裸になったときは最高に美しい。太陽が低い季節、小枝で紡がれたシルクのような綿毛は光からつくられたかのようだ。形は変わらないが、紫色に見える――樹液が上ってくると紫に輝くため、丘のふもとのカバノキの森を見てヒースが咲いているのかと目を疑った。

「冬の光がさすと不気味と言ってよいくらい生気がない」ナナカマドの枝と比較し、シェパードは「紫色に輝くカバノキの流れ」を絵に描くような熱心さで描写しつづける。

言い伝え、散文、韻文で表現される概念、関心、テーマは絵画にも反映され、カバノキは何世紀にもわたって画面を彩ってきた。オランダの「黄金時代」の画家、オットー・マルセウス・ファン・スリーク（1619～1678年）による『シダレカンバの幹と枝、およびバラ、トカゲ、ヘビ、毒キノコ、チョウ、カタツムリ』は、カバノキと「人間ではないもの」および死との結びつきを、生き生きとほとんど立体的に描き出したものである（カンヴァスに油彩）。暗色の背景に、カバノキの銀色の樹皮がこの世のものとも思えない不吉な光を受けて輝いている。こうして設定された舞台では、トカゲとヘビ――当時「不浄な」ものとみなされていた動物で、「ヘビ（serpent）」は悪を象徴する――および毒キノコを、危険な存在としてバラの対極に置いた、興味深い生物学のジオラマが展開される。

早春のカバノキ。スコットランド、ベン・ネヴィス山の麓のネヴィス渓谷。

カバノキの象徴性は、（イギリスの）ヴィクトリア時代におけるロマン主義の具象画家の中でも最も影響力のあったグループ、ラファエル前派も用いることになる。彼らは19世紀半ばの産業化時代の社会的道徳観を拒絶し、美的経験の源泉として個人の感情をとくに重視した。ロマン主義的な題材を好み、中世を理想化し、高貴とされた情景を正確に描くことに心を砕き、自然のうちに観察される細部を写実的に写し取った。ラファエル前派（1848年に発足）の創設者のひとりで、この様式を代表するジョン・エヴァレット・ミレイ（1829～1896年）の作品は、後続の画家に多大な影響を及ぼすことになった。ミレイの目を引く大作『遍歴の騎士』では、作品中央にそびえるシダレカンバの幹が月光を受けて輝く中（ファン・スリークの力強いイメージを踏襲している）、中世の騎士道にのっとって、甲冑に身を包んだ騎士が衣服を剥ぎ取られて木に縛られた女性を解放しようとしている。1870年にロイヤル・アカデミーに展示された際、

オットー・マルセウス・ファン・スリーク（1619−78年）『シダレカンバの幹と枝、およびバラ、トカゲ、ヘビ、毒キノコ、チョウ、カタツムリ』。

この絵には「遍歴の騎士という地位は、未亡人と孤児を保護し、窮地に陥った娘を援助するために制定された」というミレイ自身の解説が添えられていた。すでに見てきたように、19世紀の文学で女性として扱われ、ときには「レディバーチ」とも称されたシダレカンバは、この場面にまさにふさわしい木だった。[19]

ミレイの『ランマームーアの花嫁』（1878年）と『聖ステパノ』（1895年）でも、背景に描かれただけとはいえ、カバノキがふたたび登場して同じように悲劇的な影を人物に投げかけている。この不吉な存在は、ラファエル前派に連なるもうひとりの画家、アーサー・ヒューズ（1832〜1915年）が1852年に描いた『オフィーリア』にも同じく明らかである。人間の愛と美のはかなさを思いわずらうその悲劇的な人物は、小川のほとりで木々に囲まれた暗い沼地に腰を下ろし、青白い肌と白い衣服がカバノキの樹皮の銀色の輝きと重なる。

カバノキと女性および孤独や喪失や悲劇との結びつきは、19世紀イギリスの多くの風景画家の作品に反映されている。たとえばヘンリー・ドーソン（1811〜1878年）とウィリアム・ジェームズ・ブラックロック（1816〜1858年）などは、荒涼とした、または人里離れた土地に1本、または数本だけで立つカバノキを描いた。こうした木と土地は、物理的にも想像のうえでもつながりを持っていたように見える。多くの場合、風景の一部には水辺や小道が描かれ、孤独な人物が歩いていたり、座っていたり、動物に注意を向けたりしている。ブラックロックの『ダーウェントウォーターの岸辺にて、シダレカンバ』（1843年）でも、女性が湖畔の木の下で牛の世話をしている。カンブリアとスコットランド辺境の風景を数多く描いたブラックロックは、風景と光

ジョン・エヴァレット・ミレイ『遍歴の騎士』、1870年、カンヴァスに油彩。

アーサー・ヒューズ『オフィーリア』、1852年、カンヴァスに油彩。

の名手として、また自然主義的な洞察で高く評価された。その作品は、野性的でときには神秘的な情景を描くロマン派と、その後に登場する印象派の革新との架け橋とみなされている。

　樹木を好み、ラファエル前派とその自然界の複雑さと美しさの細やかな表現に影響を受けたもうひとりのイギリス人画家は、スコットランドの風景画家ジョン・マクワーター（1839～1911年）だった。『森の貴婦人』（1876年）は、秋の荒々しい自然の中心を占める優美な存在として、1本のカバノキを落ち着いた色調で描き出している。

　1870年以降、ミレイ自身も荒涼とした大自然の風景に魅了され、憂鬱や無常観をかきたてる主に秋や初冬のスコットランドの風景を多く描いた。そのひとつが独特の雰囲気をたたえる『冬の燃料』（1873年）で、カバノキとナラの丸太を積んだ荷馬車に少女が腰かけ、遠くを眺めている。「物思いに沈んだ様子」を描いたこの絵は、「見事な技量と、たくみな色使いにより写実主義を新たな領域へ引き上げた」ことで同時代の批評家に称賛された。[20] ミレイの『グレン・バーナム』（1891年）も同じような感情を取り上げている。

ウィリアム・ジェームズ・ブラックロック『ダーウェントウォーターの岸辺にて、シダレカンバ』、1843年、カンヴァスに油彩。

ひとりの老婦人が、やはり赤い布で頭を覆い、カバノキやその他の木々に囲まれた雪道を歩く姿を描いている。

ごく普通の女性や男性が日常の仕事をする寂しげな情景の構成にカバノキを多用する手法は、ノルウェーの象徴主義の画家で版画家のエドヴァルド・ムンク（1863～1944年）も採用した。たとえば『湖畔を歩く女性のいる風景』（1880年）、『カバノキの木立と小枝を運ぶ男』（1880年）、『ヴェストレ・アーケルの秋』（1882年）はその例で、用いられた技法はドイツ表現主義の重要な先駆者としてのムンクを際立たせている。ファン・ゴッホ（1853～1890年）は、かなり異なる様式をとりつつも、同じように人間の生のはかなさに関心を寄せた。鉛筆、ペンとインク、水彩による見事な作品、『刈り込まれたカバノキ』（1884年）には、何列かの木と画面の両側を向こうに向かって歩いていく羊飼いの男女が描かれている。ゴッホは弟テオに宛てた手紙に、自分が描かずにはいられない自然界の様相について書いている。別の絵に登場する刈り込まれた木の列を「親を亡くした男たちの行列」にたとえ、「木々をはじめとするあらゆる自然に、言ってみれば表情と魂が見える」と説明しているのだ。[21]

20世紀最大の装飾画家に数えられるグスタフ・クリムト（1862～1918年）が『ブナの林1』（1902年）と『カバノキの林1』（1903年）に描いたカバノキは、まったく異なる雰囲気をたたえている。クリムトがとりわけ「黄金の時代」に好んだ、黄金色に葉が色づいた秋の風景らしきものの中に、ほんの少量の絵具で光のきらめきが表現され、それを背景として、非常に「洗練されたデザインと強調されたパターン化」によって描かれたカバノキの幹が単一平面に張りつい

ジョン・エヴァレット・ミレイ『グレン・バーナム』、1891年、カンヴァスに油彩。

フィンセント・ファン・ゴッホ『刈り込まれたカバノキ』、1884年、紙に鉛筆、ペンとインク、水彩。

ているように見える。[22] 望遠鏡越しに見て描いたと考えられている幹は、「自然が生み出した大聖堂の円柱」にたとえられ、中央ヨーロッパにおける、おそらく民間伝承の豊かな遺産に影響を受けた森の寓意画の長い伝統に連なるものとみなされている。[23]

一方カナダは、1910年頃から「新世代の芸術家」が、「カナダの広大な大自然は、芸術家にふさわしい題材を提供するには未開で野性的すぎる、と芸術機関からみなされている」状況に断固として異議を唱えていた。[24] これは、ヨーロッパの印象派に影響を受け、1920年から1933年にかけて「グループ・オブ・セブン」として展示活動を行った画家たちである。グループの狙いは「祖国の風景を描くための視覚言語――新しく近代的で、力強くカナダ独自の――を見つけること」だった。驚くにはあたらないだろうが、

グスタフ・クリムト『カバノキの林1』、1903年、カンヴァスに油彩。

ジャック・メリオット『ガリー川、キリークランキー』、1954年頃、カンヴァスに油彩。

Silver birch wood with long tailed tits
©Alison Hullyer

アリソン・ハルヤー『シダレカンバの林とエナガ』、2011年、スクリーンプリント。

彼らの作品の多くにはカバノキが登場した。たとえば、アーサー・リズマー（1885～1969年）は『案内人の家』（1914年）で、黄色く色づいたカバノキの葉を通してまだらに注ぐ光を印象的に描いた。また、正式なメンバーではなかったが、重要なインスピレーションを与える存在としてグループにかかわっていたトム・トムソン（1877～1917年）の『装飾的な風景、カバノキ』（1915年）もその例である。この絵の大胆な配色と、カバノキの様式化された平面的で直線的な形態は、トムソンのグラフィックデザイナーとしてのスキルと商業デザイナーとして培った経験を反映している。トムソンは観光と鉄道の振興などに使用する絵を製作するトロントのデザイン会社で働いていた。[25]

こうしたカバノキの装飾的な扱いは、イギリスの作家にして芸術家でポスターデザイナーのジャック・メリオット（1901～1968年）が、印象的な油彩画『ガリー川、キリークランキー』でシダレカンバを描くのに採用した独特の様式に似ている。メリオットはイギリスの国鉄と郵便局のために制作したアート作品で知られており、この絵は1954年頃からイギリス国鉄（スコットランド地域）のポスターとして使用されていた。鮮やかな色彩、とりわけカバノキの葉の黄色とコントラストをなす濃い青と深い緑と赤は、明るくさわやかな画面と印象に残る力強いイメージを生み出している。

シダレカンバは、現代のアーティストにとってもインスピレーションの源でありつづけている。樹皮の特徴的な白黒のパターンを様式化した表現は、幅広い媒体で一般的に見られ、大量生産のグリーティングカードや陶器からテキスタイルまであらゆるものに印刷されている。しかし、個々の

呉冠中『長白山のシラカンバ』、1980年代。

象徴的なカバノキのイメージは、あいかわらず人々の興味をかき立てている。2017年5月、イギリス、ドーチェスターのデューク・オークショナーで、『長白山のシラカンバ』が50万ポンドで落札された。中国の画家、呉冠中（1919～2010年）が1980年代に描いた紙本墨彩の掛け軸である。多くの人から20世紀最大の中国人画家と認められる呉の作品は、「過去と未来の隔たりを埋め……中国と欧米の芸術を見事に融合させている」と言われる。[26]『長白山のシラカンバ』――1992年に大英博物館で展示されたそれ以前の作品、『シラカンバ1986』に似ている――は、デュークによれば、「大胆な技術的・様式的革新と、書家の伝統的な筆遣いを組み合わせる呉の力」を証明している。呉冠中は自分の作品を次のように描写した。

シラカンバは背が高くほっそりとして白い。幹には目のように見える印が入っている。こうした目はどれも人々を静かに覗き見ているような印象を与える。それは美しい女性の目のようで、人はそのやわらかなまなざしを振り切って立ち去る気にはなかなかなれない。シラカンバは寒い地域に生える。私はシラカンバの絵をいくつか描いており、かつて次のような短詩を書いた。「寒くなると、地面は凍り、花は姿を消す。（満州の）長白山を前にして、私はシラカンバの木を見つめる[27]」

第6章　カバノキの未来

こうした森林は寒冷な気候で発達しており、温暖化がその回復力と緩衝能力に及ぼす影響については十分にわかっていない。

アナトーリ・シュヴィデンコ（２０１５年）[1]

カバノキの、とくに庭園や都市を美しく彩る樹皮が白い種は、交配種と栽培品種が幅広く分布し、人気を集めているが、その裏には深刻な脅威が隠されている。野生の希少種だけでなく、北半球の針葉樹を中心とする広大な森林やその周縁に生える種も直面している脅威である。研究では、気候変動で寒帯林が深刻に脅かされていることが明らかになりつつある。地球上の森林面積の3分の1近くを占め、７５００億本の樹木が生育すると推定される寒帯林は、地球の気候を調節するうえで非常に重要な役割を担っている。[2] 森林を支える泥炭の多い土壌および永久凍土と合わせて、地球上でも突出した炭素貯留量を誇り、貯蔵している炭素量は地上の生態系の中で最大なのだ。[3] しかし、

ブロンズバーチボーラービートル。幼虫は樹皮の下に穴を掘るため、木に水と養分が行き届かなくなる。

地球の気温上昇は深刻な脅威である。寒帯林は生態系の中でも最も大きな影響を受けていることが判明しつつあり、近年では気温が年に1・5パーセントも上昇しているばかりか、今後それに拍車がかかることが懸念される。[4]気候変動に関する政府間パネル（IPCC）は、北部の広い地域で2100年までに気温が摂氏6度から11度上昇する可能性があると警告した。また、研究では気温上昇に伴い、寒帯林における気候帯が「木々が移動できる速さの10倍のスピードで北に移動している」ことが示された。[5]

研究者たちは、森林が二酸化炭素の吸収源から温室効果ガスの大きな排出源に急変する破滅的な転換点に到達するかもしれないことを恐れており、寒帯林が担うかけがえのない役割を認識するよう、そして気候変動の対応と緩和に向けて政府レベルと地域レベルで関心を高めるよう、呼びかけている。気候の温暖化と乾燥化はすでに山火事の発生と病気の広がりの大きな原因だと考えられ、カナダ、ロシア、アラスカで甚大な被害が生じている。２０１４年には、カナダのノースウェスト準州だけで３４０万ヘクタールの常緑樹林が山火事で焼失した。[6]

こうした山火事の要因は、アメリカマツノキクイムシ（学名 Dendroctonus ponderosae）などの昆虫の拡大である。気温上昇によってこうした昆虫は生活環が加速し、冬も生き延びられるようになったほか、以前は生息できなかった地域の木にも群がり、多くの木を枯らしている。北アメリカ原産のブロンズバーチボーラービートル（学名 Agrilus anxius）はカバノキを主体とする生態系のありふれた構成要素だが、とりわけ快適な環境づくりに貢献しているカバノキに深刻な問題を引き起こすことがある。[7] この虫は、カバノキの枝枯れとして知られる症状をもたらす病原体のひとつである。枝枯れは、一般に老齢、傷、干ばつなどですでにストレスを受けている木に起こることが多い。枝葉を餌にし、樹皮に産卵するボーラービートルは、幹の樹皮のすぐ下に不規則に曲がりくねった通り道を掘って木を傷つけ、枝や樹冠を枯らしてしまう。木は数年かけて衰弱することもあれば、気候が暑く乾燥していればたった1年で枯れることもある。ブラックバーチ（学名 B. nigra）はバーチボーラーに十分耐性があると報告されており、北アメリカに分布するほかの種も一般にある程度の耐性があるが、ヨーロッパとアジアのカバノキは影響を受けやすいようである。[8] カバノキの枝枯れを引き起こすほかの大きな要因としては、干ばつなどの気候条件によってストレスがかかったり弱ったりしている木を攻撃するいくつかの真菌がある。自然に再生してきた木は植林された木ほど影響を受けないようではあるが、カバノキの枝枯れは、西ヨーロッパの樹木に環境変化が及ぼす、多数の懸念される脅威のひとつの兆候にすぎない。ブロンズバーチボーラービートルは、イギリスにはいないとされているが、偶発的に入り込むリスクはある。[9] スコットランドにある生態水文学研究所のスティーヴン・カーヴァースは、樹木を守るための措置を講じないかぎり、人々に愛されている特徴的な風景が次の世紀には様変わりしかねないと懸念する。[10] カーヴァースは次のような懸念を述べた。

イギリスの樹木と森林に影響を及ぼす新たな害虫と病原体は、明らかに増えつつある。知られている脅威のリストは、世界貿易、気候変動、外来種の植樹……の複合的な影響によって加速度的に拡大している可能性が高く、最近ではその増加パターンが指数関数的だと言われる。[11]

カバノキに限らず、ナラ、セイヨウトネリコ、ヨーロッパアカマツ、カラマツ、ブナ、セイヨウネズなどイギリスの森林を構成する木々を、北アメリカの森林に見られるような壊滅的状況に陥れかねない「多数の新たな害虫、真菌、細菌」による新たな病害から守るため、速やかに行動するべきだと専門家は呼びかける。[12] 科学者たちは、地球温暖化に対処する緊急の必要性を説いてきただけではない。こうした脅威に対応し、人工林についてはとくに個体群の回復力を高めるために、いずれも長期的なアプローチを要する多くの対策も推奨してきた。この中には、異なる樹種の木立を混ぜて植林し、統制された単一種の列を減らすことで自然な再生を可能にする、新たな管理技術を導入する、樹木の国際的な取り引きに対する監視を強化するといったことが含まれる。スティーヴン・

ネス・ボタニック・ガーデンズにあるチチブミネバリ（学名 B. chichibuensis)。日本の本州に生えていた野生のチチブミネバリの種から、同園で育てられた木の子孫。

カーヴァースによれば、「新たな害虫と病原体の影響を低減する管理策が功を奏するだろうと考えてよい理由」はある。北方の温帯林では、カバノキをはじめとする木々が風によって受粉し、遺伝子を広範囲に拡散させられるため、個体群は適応できるだろうということだ。[13]

そのうえ、カバノキは非常に激しい山火事で有機質の層が剥ぎ取られた土壌でも発芽でき、山火事や病気によって針葉樹林が荒廃してその種子が発芽できない場合、このような地域で針葉樹に取って代わることもできる。しかし、気候変動――気候破綻と呼んだほうがふさわしいかもしれない――は、カバノキの個々の種と各地に固有の個体群の多くが直面する状況を悪化させるだけだろう。こうした種や個体群は、いまや世界各地で程度の差はあれ危機にさらされている。主に生息地の破壊につながる人間の介入と気象パターンの変化の犠牲になっているのだ。その一例が日本のチチブミネバリ（学名 B. chichibuensis）で、国際自然保護連合（ＩＵＣＮ）の「絶滅危惧種レッドリスト」最新版（２０１７年）に「深刻な危機」にある種として掲載されている。[14] 関東地方の秩父山地など少数のへき地にのみ見られる株立ちの低木または小高木で、高さは10メートルほどにしかならない。１９９３年には、野生の状態ではひとつの木立にわずか21本の木が残るにすぎないと思われるまでに減った。手を貸さなければ維持できないほど小さな個体群である。[15] この種は非常に起源が古く、世界に近縁種はないと考えられている。しかし、１９８６年にこの日本の木から採取された種が、イングランド北西部のネス・ボタニック・ガーデンズに送られ、そこから8本の若木が育った。木はさらに子孫を増やし、その遺伝子はほかの樹木・植物園にも分配されている。[16] 最近の進展としては、２０１４年にオックスフォード大学植物園と東京大学による日英合同調査が行われ、追加で発見された複数の木立のひとつから２０００個の種子が採取され、そこから約１００本の苗木が育った。２０１６年にもさらに種子が採取された。プロジェクトの長期的な狙いは、世界中の樹木園で育つチチブミネバリの遺伝的多様性の回復を支援し、そうすることで野生種を救う取り組みを促進するとともに、世界のすべての野生植物が直面する脅威に対して人々の意識を高めることである。[17]

言うまでもなく、こうした脅威に対する直接の対策は、カバノキが育つ生息環境の破壊を減らすことであり、カバノキのすべての種について、カバノキが長い間に形成してきた、あるいはその一部をなしてきた森林をできるかぎり効果的に管理することによって、できれば種が自然に拡大できるようにし、またシカやヒツジなどの捕食者を抑制することである。忘れてはならないが、カバノキは生存能力に長けていることを自ら証明してきた。前世紀にイギリスの森林の伝統的な管理が破綻し、そのせいでほかの樹木の競争力が低下したとき、オリバー・ラッカムは次のように結論づけた。

カバノキは定着したばかりか、さらに増えそうである。私たちが望もうが望むまいが育ち、コストもかからない木、美しく、もしかすると有益な木が、わずかしか活用されないのは残念である。[18]

謝辞

調査と執筆に手を貸してくれた多くの人に、心から感謝を捧げる。まずヒュー・マカリスターには、カバノキの初期の歴史と同定について助言をいただいたほか、彼が共著者である名著『カバノキ属――カバノキの再分類 *The Genus Betula: A Taxonomic Revision of Birches*』の参照と引用を許してもらった。同書はカバノキの複雑きわまりない分類をすっきりと解明し、多くの重要な情報も提供してくれる。そのため、本書全体、とくにカバノキの自然史を執筆する際に大きな助けとなった。同書がなければ私は途方に暮れていたことだろう。とりわけジョセフィン・ヘイグから提供してもらった挿絵の件では、キャサリン・マカリスターの尽力にもお礼を申し上げる。

北極の専門家であるアークティックフォトのブライアン・アレクサンダーは、シベリアの民族とその文化に関する私の質問に辛抱強く答えてくれた。リヴァプール大学植物園のティム・バクスターからは、カバノキのコレクションに関する助言をいただいた。タイン・アンド・ウィアのハンコック自然史博物館図書館の副館長イアン・バウアーには、ウィリアム・ターナーの『新本草書 *A New Herball*』を閲覧する便宜を図ってもらい、ロンドン・リンネ協会の図書館長リンダ・ブルックスには、スウェーデン史におけるカバノキの樹皮の消費について教わった。アラスカ・ワイルド・ハーヴェストのダルシー・ベン＝イーストには、アラスカのカバノキの樹液に関する助言と、おいしい試供品をいただいた。ミンナ・ホッカ、ラウノ・ニエミネン、ヨーナス・ケスキネン、ユハンナ・ニュルヒネン、ラリ・アールトネンには、カバノキの樹皮でつくられたスカンジナビア半島の楽器についての情報を提供してもらった。南チロル考古学博物館の学芸員ギュンター・カウフマンには、エッツィによるバーチタールの使用について教えてもらい、ユリー・リンダールにはカバノキの樹皮粉のパンについて助言をもらった。スウォンジー博物館のカール・モーガンは、ウェールズの銅の精製に関する情報を提供してくれた。キュー王立植物園の経済植物学研究リーダーで経済植物学コレクション管理者のマーク・ネスビット教授には、有益な出版物と図版を見つけるための助言と支援をいただくとともに、経済植物学コレクションに収められているカバノキの作品を見せてもらった。アレクサンダー・ニュービーは、ブリヤート族のシャーマンの儀式に関する情報と写真を提供してくれた。ジャック・プリチャードには、2015年にオックスフォードで開催されたイベント「自然史、歴史、文化におけるブナとカバノキ」でコメントをいただいた。デュポン・ニュートリション・アンド・ヘルス社のミケル・ツラーネ、コリーナ・ショー、モーリーン・ホール、カティ・コウザには、キシリトールに関する情報を提供してもらった。クランボーンの古代技術センター前所長ルーク・ウィンターには、バーチタールの歴史的な用途について助言をいただいた。

次の方々にも謝意を表する。キュー王立植物園の図書館・芸術・記録保管所で情報サービスを担当する司書のクレイグ・ブラフ、ケンブリッジのフィッツウィリアム美術館の画像ライブラリーでアシスタントを務めるエマ・ダービシャー、国立陸軍博物館のコレクション構築・検討担当上級学芸員（スティーブニッジ）ピップ・ドッド、ダラム州の蛾類記録官キース・ドーヴァー、ジョンウェイ園芸製品社のキム・エドワーズ、スポールディングでフレッチャー・サラダを運営するウィリアム・フレッチャー、キュー王立植物園の出版部門を率いるジーナ・フーラーラヴ、カール・ガウボーイ、キュー王立植物園の菌学部門で上級研究主任を務めるエスター・ガヤ、スウォンジー大学のステュアート・グリフィン、ロンドンのプーシキンハウスのアリーナ・グリゴーヤン、セーラ・ハナント、バスケットメーカーズ・サウスウェストのキャロル・ホーシントン、オックスフォード大学植物・樹木園の樹木園管理を担当するベン・ジョーンズ、キュー王立植物園の樹木園・庭園・園芸部門を率いるトニー・カーカム、フロンティア・ブッシュクラフトのポール・カートリー、SaunaGoods.comのクリスティーネ・クスネレ、ロンドンのジョージ・クレバリー社のアダム・ローとニック・イーザ、『スペリオル湖 *Lake Superior*』誌の編集者コニー・ルメイ、ランカスター大学環境磁気学・古地磁気学センターのバーバラ・マー教授、ドーチェスターのデューク・ファインアート・オークショナーのジェンマ・ミークとジョン・ホームズ、ドンカスター遺産事業部門でアシスタントマネージャーを務めるニール・マグレガー、Xylitol.orgのJ・ネイザル博士、ファースト・ネイチャーの大英帝国勲章5等勲爵士パット・オライリー、インドのラクナウにある国立植物学研究所薬物学・民族薬理学部門の上級研究員を務めるスバ・ラストギ博士、ウクライナ国立林業大学のイーホル・ソロヴィ教授、バイカル・ハーブ社のヴィクトル・スミルノフ、写真家でジャーナリストのポール・スミット、在英ロシア大使館広報部長のコンスタンティン・シュリコフ、ワデスドン・マナーの画像ライブラリーと研究ライブラリーのコーディネーターを務めるニコラ・ティンスリー、シベリのクララ・ヴァイス、キュー王立植物園の経済植物学コレクションを担当するキンバリー・ウォーカー、『国際薬用キノコジャーナル *International Journal of Medicinal Mushrooms*』編集長のソロモン・ヴァッサー、コリン・ウェルズ、キュー王立植物園の販売・マーケティング担当マネージャーを務めるリディア・ホワイト、ウッドロア社のキース・ホワイトヘッド、ロンドン・ナショナルギャラリーの記録保管係リチャード・ラグ。

友人のジリ・ボークラーク、キャサリン・ブロードウェイ、ファニー・チャールズ、イモジェン・エヴァンズ、スージー・ローレンス、メアリー・プレンダーガスト、テリー・タウンゼントからも貴重な協力を得た。深く感謝する。スターミンスター・ニュートン図書館のサンディ・ロバーツとその同僚の方々はいつも快く手を差しのべてくれた。

最後に、リアクション・ブックスのマイケル・リーマンとチームの皆さん、本書の執筆を提案してくれたエドワード・パーカー、常に励ましてくれた娘エピーと息子アーロンに、そしていつもそばにいて統計情報を解釈しチェックし、科学の難題を解明し、入手不可能な資料を入手し、実際的なサポートを惜しまなかったジョン・ショートに感謝を捧げる。

訳者あとがき

本書はReaktion Books社が刊行しているBotanical Seriesの一冊、『*Birch*』の邦訳である。同シリーズからは『チューリップの文化誌』『菊の文化誌』『松の文化誌』をはじめ、すでに20冊近くが邦訳出版されている。

「カバノキ」と聞いてピンとくる人はそれほど多くないかもしれない。「Birch」という単語は、植物学的にはカバノキ科のカバノキ属に含まれる木々を指すため、本書ではこの名称を使っているが、「樺」と漢字で書けば少し親しみがわくだろうか。ややこしい話だが、木材の見た目が似ているという理由から「カバザクラ（樺桜）」という別名もある（もちろん桜とは別物だ）。カバノキと聞いて誰もがぱっと思い浮かべるのは、日本でも涼しい地域で見られるシラカンバ（白樺）だろう。とくに欧米の文学や美術に登場するのは白肌のカバノキが多いが、カバノキはどれも白いわけではない。黄色やオレンジ色や褐色の幹をもつ種もあり、枝葉の形や色もあわせると、カバノキはおどろくほどバラエティに富んでいる（したがって、分類学者泣かせでもある）ということが本書の第1章を読むとわかる。

さて、訳者である私も最初は「どんな木だっけ？」と思ってしまったカバノキだが、実は意外に身近な存在だった。私自身はほぼ大都市にしか住んだことがなく、アウトドアにもさして興味はないが、考えてみれば都会にだってそれなりに木は生えている。私はフランスのパリに住んでいるが、パリ市のオープンデータ・ポータルサイトによると、市内と隣接地域にはシダレカンバを中心に2000本以上のカバノキが植えられており、最寄りの1本は自宅から200メートル足らずの場所にあった。本書でも触れられているとおり、カバノキはオゾン耐性に優れるうえ、大気汚染物質を効果的に吸収するという。まさに大都市にこそふさわしい木ではないか。

あらためて家の中に目を向けると、カバノキを使ったスツールがあり、トレーがあり、タンスがあることに気づいた。どれも世界中に進出している北欧発の家具・インテリア雑貨店のものである。そういえば、北欧の家具や雑貨には「バーチ」を使ったものがたしかに多い。また、もはや木としての面影はとどめていないが、紙という形でもカバノキは日常生活に溶け込んでいるし、カバノキの樹液は近所のスーパーや薬局の棚に並んでいる。北国を中心として世界にはカバノキをさまざまに利用してきた長い伝統があるが、我が家も気づかないうちにその恩恵にあずかっていたのだ。

本書の第2章と第3章では、世界中でカバノキがどのように活用されてきたかが、衣食住や輸送手段、医薬品などあらゆる側面から丹念に解説されている。著者のアンナ・ルウィントンは、民族植物学者として人間による植物の利用に注目した研究を行っているだけに、これらの章ではその本領を存分に発揮している。約25万年前にイタリアでつくられたバーチタール、1世紀にアフガニスタン東部の古代王国ガンダーラで樹皮に記された仏教文書、アメリカ先住民が樹皮でつくっていたカヌー、第二次世界大戦中に空を飛んでいたカバノキの合板の戦闘機……と、その時間的・空間的な広がりを思うと気が遠くなりそうだ。

カバノキは、物質文化だけでなく精神文化においても大きな存在感を放っている。第4章と第5章で説明されるように、聖樹として各地の風習で大切な役割を担い、文学や美術においては貴婦人のイメージを重ねられてきた。そのマルチな活躍ぶりには脱帽である。と同時に、登場する例の多くが過去の例や都会から離れた田舎の例であることに気づき、現代の都市生活者の精神文化の中でカバノキを含む自然の影が薄くなっていることを痛感する。

これだけ長い間にわたって人間の暮らしを支えてきたカバノキも、ほかの多くの樹木と同様、人間の干渉や近年の気候変動のせいでその存在をおびやかされている。本書にはその一例として、日本のチチブミネバリ（これもカバノキの一種）が登場する。一時は極端に数が減ったチチブミネバリだが、今では種子がイギリスにわたって着々と子孫を増やしているということだ。

カバノキは本来、生存能力に恵まれた木であり、パイオニアツリー（先駆樹種）として新しく開けた土地にまっさきに進出するそうだ。その特性をいかして気候変動に適応し、末永く活躍してほしいと思う。

最後に、本書の翻訳にあたってお世話になった原書房の善元温子さんと株式会社リベルのみなさんに感謝を申し上げる。

2022年5月吉日

野村真依子

gmail.com): p. 172; Richard Nicholson, antiquemaps.com: p. 98; Nordic Food Lab: pp. 83 (adaptation of original drawing by Anna Sigrithur), p. 91; Nordiskaknivar: p. 102 (Eero Kovanen); Novgorod State Museum-Reservation: p. 117 (Nikola Smolenski); Juhana Nyrhinen, Masa Universe Instruments (masauniverse. tumblr.com): p. 97; Oregon State University: p. 214 (Robin Rossetta); Pat O'Reilly MBE, first-nature.com: p. 74; Aaron Parker: p. 67; Practicalprimitive.com: p. 64; REX Shutterstock: p. 53 (Tatyana Zenkovich); Roger Nix: p. 21; Reuters: p. 9 (Bob Strong); Rossiyskaya Gazeta: p. 156; Courtesy of Russkoy Pravoslavnoy Tserkvi (Russian Orthodox Church): p. 160; Saunagoods.com: p. 144 (Kristine Kusnerer); D. Schlumbohm: p. 158; Science and Society Picture Library: p. 207; John Short: pp. 4, 131; Shutterstock: pp. 49 (Balakleypb), 165 (kaprik), 173 (Pavel Klimenko), 188 (Elena Koromyslova); Silvermoccasin.com: p. 95 (Connie Boyd); Paul Smit: p. 155 (Mick Palarczyk); © South Tyrol Museum of Archaeology – www.iceman.it: pp. 73, 86, 92 (Harald Wisthaler); Tappedtrees. com: p. 57; Steve Tomlin: p. 62; Courtesy of Toronto Public Library: p. 110; © The Vindolanda Trust: p. 122; The Wellcome Library, London: p. 166; Colin Wells: p. 35; Woodlore Limited: p. 107; Chris Wright, Midwest American Mycological Information (MAMI): p. 71; Courtesy of Special Collections and Archives, Wright State University: p. 127; Zhong Wei Horticultural Products Co. (cnseed.org): p. 19.

写真ならびに図版への謝辞

著者と出版社より、図版資料の提供や複製を許可してくれた以下の方々と機関に謝意を表する。

Alamy: pp. 7 (Tim Gainey), 16 (blikwinkel), 20 (All Canada Photos), 22 (imagebroker), 48 (Mykahilo Shcherbyna), 96 (SPUTNIK), 138 (Angela Hampton), 162 (Peter Cavanagh); ArcticPhoto: pp. 87, 169 (B&C Alexander); BAE Systems: p. 126; Baikal Herbs Ltd: p. 68 (Victor Smirnov); Beaver Bark Canoes: p. 106 (Ferdy Goode); British Library: p. 115; © The Trustees of the British Museum, London: p. 111; Andrew Brown and Royal Botanic Gardens, Kew: p. 26 (from Kenneth Ashburner and Hugh A. McAllister, The Genus Betula: A Taxonomic Revision of Birches); Pat Bruderer: p. 86; Marian Byrne: p. 113; CalstockParish Archive: p. 124; Clarke Historical Library, Central Michigan University: p. 88; George Cleverley & Co. Ltd, Bond Street, London: pp. 103, 104; Doncaster Museum Service, Doncaster Metropolitan Borough Council: p. 187; Keith Dover: p. 40; Dreamstime: pp. 15 (Yi Li), 38 (Jozef Jankola), 136 (Sandyprints), 165 (Kaprik); Dukes Fine Art Auctioneers, Dorchester: p. 210; © The Fitzwilliam Museum, Cambridge: p. 198; Floracopeia.com: p. 61; Foss Distillery: p. 52; Fossilera. com: p. 29; GardenPhotos.com: p. 33 (Graham Rice); Carl Gawboy: p. 174; Arthur Haines: p. 58; Josephine Hague and Royal Botanical Gardens, Kew: p. 30 (from Kenneth Ashburner and Hugh A. McAllister, The Genus Betula: A Taxonomic Revision of Birches); Sara Hannant: p. 148; Jorg Hempel: p. 32; Alison Hullyer: p. 208; Hungerford Virtual Museum: p. 161; Hvilya.com: p. 55; iStockphoto: pp. 23 (zigmej), 140 (duncan1890), 151 (HorstBingemer); Kristiina Johanssen: pp. 27, 41; Landesamt fur Denkmalpflege und Archaologie Sachsen-Anhalt: p. 65 (Juraj Liptak); Barbara Maher: p. 10; Mountainhikes. com: p. 197 (Kevin Blissett); Courtesy of the Museum of the River Daugava, Latvia: p. 119; National Museum of Art, Architecture and Design, Norway: p. 167 (Jacques Lathion); © National Trust, Waddesdon Manor, Bequest of Dorothy de Rothschild, 1988; ac. No 2953: p. 141; Faculty of Natural Sciences (NTNU): p. 31 (Per Harald Olsen); Nature Picture Library: p. 18 (Bryan and Cherry Alexander); N. S. Nadezhdina Choreographic Ensemble 'Berezka': p. 192; Ness Botanic Gardens: p. 217 (Tim Baxter); New England Wild Flower Society: p. 58 (Arthur Haines); Alexander Newby (tearoadtiger@

North House Folk School, *Celebrating Birch: the Lore, Art and Craft of an Ancient Tree* (Petersburg, 2007)

Papp, Nora, et al., 'The Uses of Betula pendula Roth among Hungarian Csangos and Szekelys in Transylvania, Romania', *Acta Societatis Botanicorum Poloniae*, lxxxiii (2014), pp. 113–22

Peyton, John L., *The Birch: Bright Tree of Life and Legend* (Blacksburg, VA, 1994)

Rackham, Oliver, *Ancient Woodland: Its History, Vegetation and Uses in England* (London, 1980)

—, *Trees and Woodland in the British Landscape* (London, 1976 and 1990)

—, *Woodlands* (London, 2015)

Rastogi, Subha et al., 'Medicinal Plants of the Genus Betula – Traditional Uses and a Phytochemical-pharmacological Review', *Journal of Ethnopharmacology*, clix (2015), pp. 62–83

Schenk, Tine, and Peter Groom, 'The Aceramic Production of *Betula pubescens* (Downy Birch) Bark Tar Using Simple Raised Structures: A Viable Neanderthal Technique ?', *Archaeological and Anthropological Sciences*, x/1 (2016), pp. 19–29.

Solzhenitsyn, Alexander, *Cancer Ward* (London, 1968)

Svanberg, Ingvar, et al., 'Uses of Tree Saps in Northern and Eastern Parts of Europe', *Acta Societas Botanicorum Poloniae*, lxxxi (2012), pp. 343–57

Turner, Kevin, *Sky Shamans of Mongolia: Meetings with Remarkable Healers* (Berkeley, CA, 2016)

Varner, Gary, *The Mythic Forest, The Green Man and the Spirit of Nature* (New York, 2006)

Vickery, Roy, *Oxford Dictionary of Plant-lore* (Oxford, 1995)

Zyryanova, Olga, et al., 'White Birch Trees as Resource Species of Russia', *Eurasian Journal of Forest Research*, xiii (2010), pp. 25–40

参考文献

Ashburner, Kenneth, and Hugh A. McAllister, *The Genus Betula: A Taxonomic Revision of Birches* (London, 2013)

Baumgartner, A., et al., 'Genotoxicity Assessment of Birch-Bark Tar – A Most Versatile Prehistoric Adhesive', *Advances in Anthropology*, ii (2012), pp. 49–56

Culpepper, Nicholas, *Culpepper's Complete Herbal* (Manchester, 1826) [『カルペパーハーブ事典』ニコラス・カルペパー著、戸坂藤子訳、パンローリング、2015年]

Danaher, Kevin, *The Year in Ireland* (Cork, 1972)

Edlin, H. L., *Woodland Crafts in Britain* (London, 1949)

Erichsen-Brown, Charlotte, *Medicinal and Other Uses of North American Plants: A Historical Survey with Special Reference to the Eastern Indian Tribes* (New York, 1979)

Evelyn, John, *Sylva* (London, 1664)

Frazer, James, G., *The Golden Bough: A Study in Comparative Religion* (Cambridge, 2012) [『金枝篇――呪術と宗教の研究』ジェイムズ・ジョージ・フレイザー著、神成利男訳、石塚正英監修、国書刊行会、2004年。ほか複数の出版社から邦訳あり]

Hageneder, Fred, *The Heritage of Trees: History, Culture and Symbolism* (Edinburgh, 2001)

—, *The Living Wisdom of Trees* (London, 2005) [『木々の恵み』フレッド・ハーゲネーダー著、玉置悟訳、毎日新聞社、2009年]

Howkins, Chris, *Heathland Harvest: The Uses of Heathland Plants Through the Ages* (Addlestone, 1997)

Loudon, John C., *Arboretum et Fruticetum Britannicum* (London, 1838)

Mabey, Richard, *Flora Britannica* (London, 1997)

Mac Coitir, Niall, *Irish Trees: Myths, Legends and Folklore* (Cork, 2003)

Mansfield, Howard, *Skylark: The Life, Lies and Inventions of Harry Atwood* (Hanover, CT, and London, 1999)

Miles, Archie, *Silva* (London, 1999)

Milliken, William, and Sam Bridgewater, *Flora Celtica* (Edinburgh, 2013)

Monbiot, George, *Feral* (London, 2013)

年表

約7000万年前	カバノキとその最近縁種であるハンノキの花粉に似た花粉が存在している。カバノキ科が北半球全体に分布する。
約5000万年前	カバノキ属（Betula）が独立した属として存在している。知られるかぎり最古のカバノキの化石は B. leopoldae。
紀元前26万－25万年頃	イタリアのアルノ川上流でバーチタールが製造される。人類の手による最初の合成製品かもしれない。
紀元前12万年頃	ドイツで、おそらく道具をつくるための接着剤としてバーチタールが使用される。
紀元前1万年頃	イギリスで、氷床が後退したのち最初にカバノキが戻り、単独で林を形成する。
紀元前7000年頃	ドイツ、スカンジナビア半島、ヨーロッパのほかの地域で、おそらく医療目的でバーチタールが噛まれている。
紀元前3300年	イタリア・オーストリア国境で見つかったアイスマンのエッツィが、カバノキの樹皮の容器とカンバタケ（学名 Fomitopsis betulina）を携行し、バーチタールを道具と武器のための接着剤およびシーリング材として使用する。
紀元1世紀	ガンダーラで仏教文書がカバノキの樹皮に書かれる。重要な仏教経典としては、知られるかぎり最初の版である。
紀元92 ～ 100年	ブリテン島北部のヴィンドランダでローマ人がカバノキの薄板に手紙を書く。
921年	アラブ人の旅行家アフマド・イブン・ファドラーンが、ロシアのヴォルガ地域に住むブルガール人がカバノキの樹液を発酵させたものを飲んでいたと記録する。
1260年	ロシアのノヴゴロドで、「オンフィム」が昔からの伝統に従ってカバノキの樹皮にメモと絵を書く。
1500年代以降	植民地の多数の記録に、アメリカ先住民がカバノキの樹皮をカヌー、住居、バスケットづくり、食料、衣服、宗教的な目的に使用していることが記される。
1561年	イタリアの植物学者で医者のピエトロ・アンドレア・マッティオリが、カバノキの樹液と葉を腎臓結石と胆石の治療

に推奨する。

1664年	ジョン・イヴリンがカバノキの樹液からつくったバーチワインの効能を高く評価し、カバノキの多数の伝統的な用途を「ギャラント・スイートパウダー」とあわせて列挙する。
1750年頃	ケベックのトロワ・リヴィエールにカバノキの樹皮のカヌーを製造するための最初の工場が設立され、大量の樹皮が備蓄される。
1753年	カール・リンネが『植物種誌 *Species Plantarum*』で、現在のシダレカンバ（学名 B. pendula）とヨーロッパダケカンバ（学名 B. pubescens）を B. alba（シラカンバ）として分類する。
1786年	ロシアンレザー（バーチタール油で処理したトナカイ革）の積み荷を運んでいたデンマーク船メッタ・カタリナ号がプリマス・サウンド沖で沈没する。
1802年	サミュエル・テイラー・コールリッジが、詩「絵、あるいは恋人の決意」でシダレカンバを「森の貴婦人」と描写する。
1880年代	ペンシルヴァニアがアメリカミズメ（学名 B. lenta）を原料とする精油「ウィンターグリーン」の重要な製造拠点となる。
1884年	フィンセント・ファン・ゴッホがオランダ、ブラバントの風景の習作シリーズの一環として、紙に鉛筆、ペンとインク、水彩で習作『刈り込まれたカバノキ』を制作する。
1920年代	ソビエト連邦で、集中管理によるカバノキの樹液の採取が始まる。
1924年	バーチタールを配合したココ・シャネルの香水「キュイール ドゥ ルシー」が発売される。
1939年頃－1945年頃	フィンランドで、カバノキを原料とするキシリトールの工業生産プロセスが開発される。
1940－50年	第二次世界大戦中、カバノキ材とバルサ材を使用した飛行機「モスキート」が主に戦闘用として建造される。
1940－56年	シベリアに連行されたラトビア人とリトアニア人の囚人がカバノキの樹皮に手紙を書く。
1947年	ほぼ全面的にカバノキ合板でつくられた飛行艇「スプルース・グース」が最初で最後となる短時間の飛行を行う。

1993年	マン島でようやくバーチング法が撤廃される。
2015年	科学者たちが、気候破綻に起因する新たな害虫と病害のために、世界の寒帯林のカバノキその他の樹木が深刻な脅威に直面していると警告する。
2017年	呉冠中による掛け軸『長白山のシラカンバ』が、イギリスのオークションにおいて50万ポンドで落札される。

注

序章　万能の樹木

1　Kenneth Ashburner and Hugh A. McAllister, *The Genus Betula: A Taxonomic Revision of Birches* (London, 2013), p. 306.
2　Tine Schenk and Peter Groom, 'The Aceramic Production of *Betula pubescens* (Downy Birch) Bark Tar Using Simple Raised Structures: A Viable Neanderthal Technique?', *Archaeological and Anthropological Sciences*, x/1 (2016).
3　Ray Mears, *Bushcraft*, SO2EOI – 'Birchbark Canoe', www.youtube.com（2012年8月19日）.
4　Y. A. Dunaev, 'Birches at the Roadside – a Historical Sketch', *Ural Pipe*, 3 (1991), p. 3.
5　Ornasbjorken, 'Ornas Birch – Seductive and False', www.ornasbjorken.se（2017年6月4日にアクセス）.
6　New Hampshire, 'New Hampshire Almanac – State Tree', www.nh.gov（2017年6月4日にアクセス）.
7　Ashburner and McAllister, *The Genus Betula*, p. 285.
8　Barbara A. Maher et al., 'Impact of Roadside Tree Lines on Indoor Concentrations of Traffic-derived Particulate Matter', *Environmental Science Technology*, xlvii (2013), pp. 13, 737–44.

第1章　カバノキの自然史

1　Kenneth Ashburner and Hugh A. McAllister, *The Genus Betula: A Taxonomic Revision of Birches* (London, 2013), pp. 3–9.
2　同上 , pp. ix–x.
3　同上 , pp. 45, 279.
4　George Monbiot, *Feral* (London, 2013), p. 74.
5　Oliver Rackham, *Trees and Woodland in the British Landscape* (London, 1976), pp. 32–3.
6　John Evelyn, *Sylva* (London, 1664), p. 32.
7　Archie Miles, *Silva* (London, 1999), p. 96.
8　Ashburner and McAllister, *The Genus Betula*, pp. 279–80.

9 Oliver Rackham, *Woodlands* (London, 2015), p. 48.
10 Ashburner and McAllister, *The Genus Betula*, p. 306.
11 Derek Ratcliffe, *Lapland: A Natural History* (London, 2005), p. 85.
12 Religious Tract Society, *Visitor or Monthly Instructor* (London, 1842), p. 197.
13 Richard Mabey, *Flora Britannica* (London, 1997), p. 84.
14 Rackham, *Woodlands*, pp. 163, 302.
15 Ashburner and McAllister, *The Genus Betula*, pp. 15, 19.
16 同上 , p. 5.
17 P. R. Crane and R. A. Stockey, 'Betula Leaves and Reproductive Structures from the Middle Eocene of British Columbia', *Canadian Journal of Botany*, lxv (1987), pp. 2490–500, in Ashburner and McAllister, *The Genus Betula*, p. 48.
18 Ashburner and McAllister, *The Genus Betula*, p. 5.
19 同上 , p. 18.
20 同上 , pp. 43, 47–8.
21 R. J. Abbot et al., 'Molecular Analysis of Plant Migration and Refugia in the Arctic', *Science*, cclxxxix (2000), pp. 1343–6, in Ashburner and McAllister, *The Genus Betula*, p. 50.
22 Ashburner and McAllister, *The Genus Betula*, p. 50.
23 同上 , p. 52.
24 H.J.B. Birks, 'British Trees and Insects: a Test of the Time Hypothesis over the last 13,000 years', *American Naturalist*, cxv (1980), pp. 600–605.
25 Oliver Rackham, *Trees and Woodland* (London, 1990), p. 27, and Woodlands, p. 71.
26 'Common Silver Birch', www.phadia.com（2017年5月3日にアクセス）.
27 A. G. Gordon, ed., *Seed Manual for Forest Trees* (London, 1992), pp. 74, 94.
28 Ashburner and McAllister, *The Genus Betula*, p. 35.
29 Monbiot, *Feral*, p. 74.
30 Gordon Patterson, *The Value of Birches in Upland Forests for Wildlife Conservation*, Forestry Commission Bulletin, 109 (1993), p. 15; and Ashburner and McAllister, *The Genus Betula*, p. 88.
31 Seppo Lapinjoki et al., 'Development and Structure of Resin Glands on Tissues of *Betula pendula Roth*, During Growth', *New Phytologist*, cxvii (1991), pp. 219–23 and Ashburner and McAllister, *The Genus Betula*, pp. 87, 109.
32 Monbiot, *Feral*, pp. 70, 73–4, 154–60.

33 USDA Forest Service, www.fs.fed.us（2010年5月24日）.
34 Ashburner and McAllister, *The Genus Betula*, p. 292.
35 R. B. Harvey, 'Relation of the Color of Bark to the Temperature of the Cambium in Winter', *Ecology*, iv (1923), pp. 391–4, 上掲書 , p. 103.
36 Monbiot, *Feral*, p. 92.
37 同上 , pp. 103–4.
38 同上 , pp. 92–3.
39 W. J. de Groot et al., 'Betula nana L. and Betula glandulosa Michx', *Journal of Ecology*, lxxxv (1997), pp. 241–64, in Ashburner and McAllister, *The Genus Betula*, p. 344.
40 R. E. Graber et. al., 'Maximum Ages of Some Trees and Shrubs on Mount Washington', *Forest Notes*, Society for the Protection of New Hampshire Forests, Summer 1973, pp. 23–4.
41 USDA Natural Resources Conservation Sources, 'Yellow Birch', www.plants.usda.gov（2006年5月31日）.
42 Martin Brandle and Roland Brandl, 'Species Richness of Insects and Mites on Trees: Expanding Southwood', *Journal of Animal Ecology*, lxx (2001), pp. 491–504.
43 C.E.J. Kennedy et al., 'The Number of Species of Insects Associated with British Trees: A Re-analysis', *Journal of Animal Ecology*, liii (1984), pp. 455–78.
44 'Birch, Silver (Betula pendula)', www.woodlandtrust.org.uk（2014年12月12日にアクセス）.
45 C. J. Bibby et al., 'Bird Communities of Highland Birchwoods', *Bird Study*, xxxvi (1989), pp. 123–33.
46 L. O. Safford et. al., 'Paper Birch', www.srs.fs.usda.gov（2016年2月26日にアクセス）.
47 Ashburner and McAllister, *The Genus Betula*, p. 118.
48 Audubon, 'Yellow Bellied Sapsucker', www.audubon.org（2016年3月3日にアクセス）.

第2章 健康によい木

1 John Evelyn, *Sylva* (London, 1664), p. 33.
2 Ingvar Svanberg et al., 'Uses of Tree Saps in Northern and Eastern Parts of Europe', *Acta Societas Botanicorum Poloniae*, lxxxi (2012), pp. 343–57, p. 343.

3 同上, p. 343.
4 同上, p. 344.
5 同上, p. 343.
6 Harriet V. Kuhnlein and Nancy J. Turner, *Traditional Plant Foods of Canadian Indigenous Peoples, Food and Nutrition in History and Anthropology*, vol. viii (Amsterdam, 1991), pp. 90–91.
7 Nora Papp et al., 'The uses of *Betula pendula* Roth Among the Hungarian Csangos and Szekelys in Transylvania', *Acta Societas Botanicorum Poloniae*, lxxxiii (2014), pp. 113–22, p. 114.
8 Mara Kuka et al., 'Determination of Bioactive Compounds and Mineral Substances in Latvian Birch and Maple Saps', *Proceedings of the Latvian Academy of Sciences*, lxvii (2013), pp. 437–41.
9 Blackdown Cellar, 'Silver Birch Vodka', www.blackdowncellar.co.uk（2017年4月10日にアクセス）.
10 Lukasz Lucazaj et al., 'Sugar Content in the Sap of Birches, Hornbeams and Maples in Southeastern Poland', *Central European Journal of Biology*, ix (2014), pp. 410–16, p. 413.
11 William Milliken and Sam Bridgewater, *Flora Celtica* (Edinburgh, 2013), p. 58.
12 D. D. Henning, 'Maple Sugaring: History of a Folk Technology', *Keystone Folklore Quarterly*, xi (1966), pp. 239–74.
13 'About Birch Syrup', www.alaskabirchsyrup.com（2016年4月8日にアクセス）.
14 Evelyn, *Sylva*, p. 33.
15 John Worlidge, *Vinetum Britannicum* (London, 1678), p. 175.
16 Svanberg et al., 'Uses of Tree Saps', p. 349.
17 同上, p. 349.
18 同上, p. 348.
19 同上, p. 344.
20 Chris Howkins, *Heathland Harvest: The Uses of Heathland Plants Through the Ages* (Addlestone, 1997), p. 11.
21 Nicholas Culpepper, *Culpepper's Complete Herbal* (Manchester, 1826)［邦訳は『カルペパー ハーブ事典』ニコラス・カルペパー著、戸坂藤子訳、パンローリング、2015年］, p. 18.
22 Evelyn, *Sylva*, p. 33.
23 SC *Magazine*, 'As Pure as Birch', www.sibberi.com（2017年4月6日にアクセス）;

Clara Vaisse, 'Why You Should Drink Water from Trees', www.newfoodmagazine.com（2017年2月17日）.

24 'News – Bernadette Dowling', www.priestlandsbirch.co.uk（2016年3月11日にアクセス）.

25 Svanberg et al., 'Uses of Tree Saps', p. 347.

26 Masahiro Moriyama et al., 'Effect of Birch (Betula platyphylla Sukatchev var. japonica Hara) Sap on Cultured Human Epidermal Keratinocyte Differentiation', *International Journal of Cosmetic Science*, xxxxii (2008), pp. 94–101.

27 M. P. Germano et al., '*Betula pendula* Leaves: Polyphenolic Characterization and Potential Innovative Use in Skin Whitening Products', *Fitoterapia*, lxxxiii (2012), pp. 877–82.

28 Svanberg et al., 'Uses of Tree Saps', p. 351.

29 Subha Rastogi et al., 'Medicinal Plants of the Genus Betula – Traditional Uses and a Phytochemical-pharmacological Review', *Journal of Ethnopharmacology*, clix (2015), pp. 62–83, p. 65.

30 Milliken and Bridgewater, *Flora Celtica*, p. 57.

31 Svanberg et al., 'Uses of Tree Saps', p. 350.

32 Birch Sap Festival, https://vk.com/birchsapfest（2016年5月15日にアクセス）.

33 Olga Zyryanova et al., 'White Birch Trees as Resource Species of Russia: their Distribution, Ecophysical Features, Multiple Utilizations', *Eurasian Journal of Forest Research*, xiii (2010), pp. 25–40; Rastogi et al., 'Medicinal Plants of the Genus Betula', pp. 65–6.

34 A. Baumgartner et al., 'Genotoxicity Assessment of Birch-Bark Tar – A Most Versatile Prehistoric Adhesive', *Advances in Anthropology*, ii (2012), pp. 49–56, p. 50; and Papp et al., 'The Uses of *Betula pendula*', p. 115.

35 Charlotte Erichsen-Brown, *Medicinal and Other Uses of North American Plants: A Historical Survey with Special Reference to the Eastern Indian Tribes* (New York, 1979), p. 47.

36 同上 , p. 46.

37 Zyryanova et. al., 'White Birch Trees', p. 27.

38 Rastogi et al., 'Medicinal Plants of the Genus Betula', pp. 65–6.

39 Erichsen-Brown, *Medicinal and Other Uses of North American Plants*, pp. 39, 42.

40 Baumgartner et al., 'Genotoxicity Assessment of Birch-Bark Tar', p. 50.

41 Papp et al., 'The Uses of *Betula pendula*', p. 117.

42 Zyryanova et al., 'White Birch Trees', p. 30.

43 Tine Schenk and Peter Groom, 'The Aceramic Production of *Betula pubescens* (Downy Birch) Bark Tar Using Simple Raised Structures: A Viable Neanderthal Technique?', *Archaeological and Anthropological Sciences*, x/1 (2016).

44 同上.

45 David. E. Robinson, 'Exploitation of Plant Resources in the Mesolithic and Neolithic of Southern Scandinavia: From Gathering to Harvesting', in *The Origins and Spread of Domestic Plants in Southwest Asia and Europe*, ed. S. Colledge and J. Conolly (London, 2007), p. 367.

46 Elizabeth Aveling, 'Chew, Chew that Ancient Chewing Gum', *British Archaeology* (1997), xxi, p. 6.

47 Baumgartner et al., 'Genotoxicity Assessment of Birch-Bark Tar', p. 50.

48 Zyryanova et al., 'White Birch Trees', p. 30.

49 Baumgartner et al., 'Genotoxicity Assessment of Birch-Bark Tar', pp. 49–56.

50 Tanya M. Barnes and Kerryn A. Greive, 'Topical Pine Tar: History, Properties and Use as a Treatment for Common Skin Conditions', *Australasian Journal of Dermatology*, lviii (2016), pp. 80–85, p. 82.

51 Rastogi et al., 'Medicinal Plants of the Genus Betula', p. 77.

52 Barnes and Grieve, 'Topical Pine Tar', p. 83.

53 Alakurtti Sami et al., 'Pharmacological Properties of the Ubiquitous Natural Product Betulin', *European Journal of Pharmaceutical Sciences*, xxix (2006), pp. 1–13.

54 T. P. Shakhtshneider et al., 'New Composites of Betulin Esters with Arabinogalactan as Highly Potent Anti-cancer Agents', *Natural Product Research*, xxx (2016), pp. 1382–7.

55 Sami et al., 'Pharmacological Properties', pp. 1, 11; Wojciech Rzeski et al., 'Betulin Elicits Anti-cancer Effects in Tumour Primary Cultures and Cell Lines in Vitro', Nordic Pharmacological Society, *Basic and Clinical Pharmacology and Toxicology*, cv (2009), pp. 425–32.

56 Rastogi et al., 'Medicinal Plants of the Genus Betula', pp. 62, 75–6, 78–9.

57 Rzeski et al., 'Betulin Elicits Anti-cancer Effects', p. 425; Sami et al.,'Pharmacological Properties', pp. 1, 10.

58 Jing-Jie Tang et al., 'Inhibition of srebp by a Small Molecule, Betulin, Improves Hyperlipidemia and Insulin Resistance and Reduces Atherosclerotic Plaques',

Cell Metabolism, xiii (2011), pp. 44–56.

59 Federica Casetti et al., 'Dermocosmetics for Dry Skin: A New Role for Botanical Extracts', *Skin Pharmacology and Physiology*, xxxiv (2011), pp. 289–93, p. 290.

60 Sanna-Maija Miettinen, ed., 'Final Report Summary – forestspecs (*Wood Bark and Peat Based Bioactive Compounds, Speciality Chemicals, and Remediation Materials: from Innovations to Applications*)' (Finland, 2014), pp. 1–20.

61 Baikal Herbs Ltd, 'Chaga and Other Natural Extracts from Russian Siberia', www.chagatrade.ru（2016年6月16日にアクセス）.

62 Zyryanova et al., 'White Birch Trees', p. 30.

63 Weifa Zheng et al., 'Chemical Diversity of Biologically Active Metabolites in the Sclerotia of Inonotus obliquus and Submerged Culture Strategies for Up-regulating their Production', *Applied Microbiology and Biotechnology*, lxxxvii (2010), pp. 1237–54, pp. 1237–8.

64 Alexander Solzhenitsyn, *Cancer Ward* (London 1968), pp. 157, 161.

65 Yong Sun et al., 'In Vitro Antitumor Activity and Structure Characterization of Ethanol Extracts from Wild and Cultivated Chaga Medicinal Mushroom, Inonotus obliquus', *International Journal of Medicinal Mushrooms*, xiii (2011), pp. 121–30.

66 Zheng et. al., 'Chemical Diversity', pp. 1237–54.

67 同上, p. 1238.

68 Ron Spinosa, 'The Chaga Story', *The Mycophile*, xlvii (2006), pp. 1–23, p. 23.

69 South Tyrol Museum of Archaeology, www.iceman.it（2016年10月7日にアクセス）.

70 Marc Barton, 'The Coldest Case – Lessons from the Iceman', www.pastmedicalhistory.co.uk（2016年2月26日）.

71 Luigi Capasso, '5300 Years Ago, the Ice Man used Natural Laxatives and Antibiotics', *Lancet*, ccclii (1998), p. 1864.

72 Robert Rogers, 'Three Under-utilized Medicinal Polypores', *Journal of the American Herbalists Guild*, xii/2 (2014), pp. 15–21, p. 18.

73 同上, p. 19.

74 Ursula Peintner and Reinhold Poder, 'Ethnomycological Remarks on the Iceman's Fungi', in *The Man in the Ice*, ed. S. Bortenschlager and K. Oeggl (Vienna, 2000), pp. 143–50, p. 146.

75 同上, p. 148.

76 DuPont, 'XIVIA™ Sweetener is the Tasty, Healthy Option for Xylitol Gum and Candy', www.dupont.com（2016年4月6日にアクセス）.
77 Danisco XIVIA™ White Paper, 'Sustainable and Substantiated for more Sustainable, Healthier Products', www.danisco.com (2012), pp. 1–12, p. 10.
78 'Xylitol – A Global Market Overview', www.prnewswire.com（2017.年1月17日）.
79 キシロースの上流サプライチェーン情報, Mikkel Thrane からの私信（2016年5月13日）.
80 Kauko K. Makinen, 'History, Safety and Dental Properties of Xylitol', www.globalsweet.com（2016年4月6日にアクセス）.
81 Kauko K. Makinen, 'The Rocky Road of Xylitol to its Clinical Application', *Journal of Dental Research*, lxxix (2000), pp. 1352–5, p. 1352.
82 Duygu Tuncer et al., 'Effect of Chewing Gums with Xylitol, Sorbitol and Xylitol-sorbitol on the Remineralization and Hardness of Initial Enamel Lesions in Situ', *Dental Research Journal*, xi (2014), pp. 537–43, p. 541.
83 Steffen Mickenautsch et al., 'Sugar-free Chewing Gum and Dental Caries – A Systematic Review', *Journal of Applied Oral Science*, xv (2007), pp. 83–8.

第3章　実用的なカバノキ

1 Ray Mears, *Bushcraft*, SO2EOI – 'Birchbark Canoe', www.youtube.com（2012年8月19日）.
2 William Turner, *A New Herball* (London, 1551).
3 Leslie M. Johnson Gottesfeld, 'The Importance of Bark Products in the Aboriginal Economies of Northwestern British Columbia, Canada', *Economic Botany*, xlvi (1992), pp. 148–57, p. 154; Charlotte Erichsen-Brown, *Medicinal and Other Uses of North American Plants: A Historical Survey with Special Reference to the Eastern Indian Tribes* (New York, 1979), p. 43.
4 John C. Loudon, *Arboretum et Fruticetum Britannicum*, vol. iii (London, 1838), p. 1697.
5 South Tyrol Museum of Archaeology, www.iceman.it（2016年10月5日にアクセス）.
6 'Historical Knowledge – The Egtved Girl', http://en.natmus.dk（2016年10月26日にアクセス）.
7 Peter D. Jordan, *Material Culture and Sacred Landscape: The Anthropology of the Siberian Khanty* (Walnut Creek, CA, 2003), p. 205.

8 Erichsen-Brown, *Medicinal and Other Uses of North American Plants*, p. 43.

9 Patricia S. Holloway and Ginny Alexander, 'Ethnobotany of the Fort Yukon Region, Alaska', *Economic Botany*, xliv (1990), pp. 214–25, p. 217.

10 Maan Rokaya et al., 'Ethnobotanical Study of Medicinal Plants from the Humla District of Western Nepal', *Journal of Ethnopharmacology*, cxxx (2010), pp. 485–504.

11 D. Urem-Kotsu et al., 'Birch-bark Tar at Neolithic Makriyalos', Greece, *Antiquity*, lxxvi (2002), pp. 962–7.

12 Erichsen-Brown, *Medicinal and Other Uses of North American Plants*, p. 42.

13 James White, ed., *Handbook of Indians of Canada*, published as an appendix to the Tenth Report of the Geographic Board of Canada, Ottowa, 1913, pp. 55–6.

14 Gottesfeld, 'The Importance of Bark Products', pp. 148–57, p. 150.

15 U. P. Hedric, ed., *Sturtevant's Notes on Edible Plants*, State of New York Department of Agriculture, Twenty-seventh Annual Report, vol. ii (Albany, 1919), p. 95.

16 O. Zackrisson et al., 'The Ancient Use of *Pinus sylvestris* L. (Scots pine) Inner Bark by Sami People in Northern Sweden, Related to Cultural and Ecological Factors', *Vegetation History and Archaeobotany*, ix (2000), pp. 99–109.

17 Julie's Kitchen, 'Bark Bread is Back', www.nordicwellbeing.com（2011年1月9日）.

18 *Musketry Regulations, Part I*, His Majesty's Stationery Office (London, 1909), pp. 34–5.

19 All About Moose, 'Birch Bark Moose Calls', www.all-about-moose.com（2016年11月2日にアクセス）.

20 Jenny McCune and Hew D. V. Prendergast, 'Betula Makes Music in Europe: Three Birch Horns From Kew's Economic Botany Collections', *Economic Botany*, lvi (2002), pp. 303–5.

21 Minna Hokka, www.minnahokka.com, 私信（2017年3月10日）.

22 Internet Encyclopedia of Ukraine, www.encyclopediaofukraine.com（2017年3月13日）.

23 McCune and Prendergast, 'Betula Makes Music in Europe', p. 303; 'The Wooden Lurs', http://abel.hive.no（2017年3月13日にアクセス）.

24 Lurmakaren i Tallberg, 'Naverlurar', www.lurmakaren.se（2017年3月13日にアクセス）.

25 FMQ, 'Music for Cows and Wolves', www.fmq.fi（2016年10月7日）.

26 Juhanna Nyrhinen, masauniverse.tumblr.com, 私信（2017年11月10日）; Minna Hokka, www.minnahokka.com, 私信（2017年3月10日）.
27 Erichsen-Brown, *Medicinal and Other Uses of North American Plants*, p. 44.
28 Edward Harding, *The Costume of the Russian Empire* (London, 1803), plate viii.
29 Loudon, *Arboretum et Fruticetum Britannicum*, vol. iii, p. 1709.
30 Birkebeiner, 'The Birkebeiner History', www.birkebeiner.no（2016年11月8日にアクセス）.
31 John L. Peyton, *The Birch: Bright Tree of Life and Legend* (Blacksburg, VA, 1994), p. 39.
32 North House Folk School, *Celebrating Birch: The Lore, Art, and Craft of an Ancient Tree* (Petersburg, PA, 2007), pp. 5–6.
33 Antonina Koshcheeva, 'Revival of Ancient Art of Birch Bark Carving in Western Siberia', www.siberiantimes.com（2015年9月25日）.
34 G. J. Cleverley, 'Leather Goods', www.georgecleverley.com（2016年10月10日にアクセス）; The Honourable Cordwainers Company, Guild Library, 'Production of Russia Leather', www.thehcc.org（2016年9月27日にアクセス）.
35 Mears, *Bushcraft*, S02E01.
36 Timothy J. Kent, 'Canoe Manufacturing Materials', http://timothyjkent.com, and 'The History of the Canoe', www.canoe.ca（2016年11月10日にアクセス）.
37 Mears, *Bushcraft*, S02E01.
38 Kent, 'Canoe Manufacturing Materials', and 'The History of the Canoe'.
39 Holloway and Alexander, 'Ethnobotany of the Fort Yukon Region, Alaska', p. 217; Kent, 'Canoe Manufacturing Materials'.
40 Erichsen-Brown, *Medicinal and Other Uses of North American Plants*, p. 39.
41 The Canadian Encyclopedia, *Beothuk*, www.thecanadianencyclopedia.ca（2016年11月11日にアクセス）.
42 Loudon, *Arboretum et Fruticetum Britannicum*, vol. iii, p. 1696.
43 Spoken Sanskrit Dictionary, www.spokensanskrit.de（2016年12月1日にアクセス）.
44 'Kashmir Source for Birch-bark used in Indus Writing', www.deccanherald.com（2011年12月24日）.
45 William Crooke, *The Popular Religion and Folklore of Northern India*, ii (London, 1896), p. 114.
46 N. S. Chauhan, *Medicinal and Aromatic Plants of Himachal Pradesh* (New Delhi,

1999), p. 127.
47 Kenneth Ashburner and Hugh A. McAllister, *The Genus Betula: A Taxonomic Revision of Birches* (London, 2013), p. 248.
48 Online Novgorod, 'General Information', www.novgorod.ru（2016年11月23日にアクセス）.
49 David M. Herszenhorn, 'Where Mud Is Archaeological Gold, Russian History Grew on Trees', *New York Times* (18 October 2014).
50 Latvian National Register, 'In Siberia Written Letters on Birch Bark', www.atmina.unesco.lv（2016年11月23日にアクセス）.
51 Moravian Museum, 'Letters from Siberia Written on Birch Bark', www.mzm.cz（2017年5月5日にアクセス）.
52 James White, ed., *Handbook of Indians of Canada*, pp. 55–6; Erichsen-Brown, *Medicinal and Other Uses of North American Plants*, p. 42.
53 Erichsen-Brown, p. 38.
54 同上 , p. 40.
55 Peyton, *The Birch*, p. 59.
56 Erichsen-Brown, *Medicinal and Other Uses*, p. 41.
57 同上 , p. 39.
58 Vindolanda Trust, www.vindolanda.com（2016年11月28日にアクセス）.
59 Mike Ibeji, 'Vindolanda', www.bbc.co.uk（2012年11月16日）.
60 Vindolanda Trust, *If the Shoe Fits*, www.vindolanda.com（2016年10月10日）.
61 Basketry and Beyond, 'Farming: Tamar Valley Chip Baskets', www.basketryandbeyond.org.uk（2016年11月11日にアクセス）; 'Tamar Valley Chip Baskets', http://basketmakerssouthwest.org.uk; Maurice Bichard, *Baskets in Europe* (Abindgon, 2008), pp. 201–2.
62 Stephen Wilkinson, 'The Miraculous Mosquito', www.historynet.com（2015年8月1日）.
63 The Aviation Zone, 'Hughes HK-1 (H4) "Spruce Goose"', www.theaviationzone.com（2016年11月30日にアクセス）.
64 ハワード・ヒューズが1947年に上院の国家防衛計画調査特別委員会に証言した際に用いたとされる表現.
65 Howard Mansfield, *Skylark: The Life, Lies and Inventions of Harry Atwood* (Hanover, NH, and London, 1999), p. 132.
66 同上 , p. 132.

67　同上, pp. 153–4.

68　Giacinta Bradley Koontz, 'Layers of Wood and Insanity – One Tree Flying', www.dommagazine.com（2016年11月1日）.

69　Tim Wood, Swindon Aircraft Timber Company, 私信（2016年12月5日）.

70　Stone Lane Gardens, 'Practical Uses for Birch', stonelanegardens.com（2016年6月30日にアクセス）.

71　David Prakel, BBC Home Service, 'Hi-Fi Answers' (August 1979), pp. 67–9, p. 67.

72　同上, p. 68.

73　Duran Ritz, 'What is the Best Wood for Drum Shells', www.thenewdrummer.com（2014年8月26日）.

74　Chris Howkins, *Heathland Harvest: The Uses of Heathland Plants Through the Ages* (Addlestone, 1997), p. 9; H. L. Edlin, *Woodland Crafts in Britain* (London, 1949), pp. 40–42.

75　John Evelyn, *Sylva* (London, 1664), p. 32.

76　同上, p. 32.

77　John Evelyn, *Sylva*, ed. Alexander Hunter (London, 1825), p. 143.

78　Loudon, *Arboretum et Fruticetum Britannicum*, vol. iii, p. 1699.

79　Edlin, *Woodland Crafts in Britain*, p. 42.

80　Karoliina Niemi, 'Deciduous Tree Species for Sustainable Future Forestry', Nordic-Baltic Forest Conference: Wise Use of Improved Forest Reproductive Material, Riga, 15 September 2015, www.nordgen.org（2016年12月2日にアクセス）.

81　Loudon, *Arboretum et Fruticetum Britannicum*, vol. iii, p. 1697.

82　同上, p. 1699.

83　同上, p. 1698.

84　Olga Zyryanova et al., 'White Birch Trees as Resource Species of Russia', *Eurasian Journal of Forest Research*, xiii (2010), p. 26.

85　Hew D. V. Prendergast and Helen Sanderson, *Britain's Wild Harvest* (London, 2004), p. 35.

86　Edlin, *Woodland Crafts in Britain*, p. 43.

87　Jo Draper, *Pots, Brooms and Hurdles from the Heathlands* (Verwood, 2002), pp. 25–8.

88　Edlin, *Woodland Crafts in Britain*, pp. 43–4.

89　Loudon, *Arboretum et Fruticetum Britannicum*, vol. iii, p. 1690.

90　West Highland Museum, 'The Birching Table', www.westhighlandmuseum.org.uk（2017年1月9日）.

91　C. Farrell, 'Birching in the Isle of Man 1945 to 1976', www.corpun.com（2017年1月9日にアクセス）.

第4章　聖なるカバノキ

1　John Evelyn, *Sylva*, ed. Alexander Hunter (London, 1825), p. 229.

2　Niall Mac Coitir, *Irish Trees: Myths, Legends and Folklore* (Cork, 2003), p. 22.

3　Alexander Carmichael, *Carmina gadelica* (Edinburgh, 1900), vol. i, p. 172.

4　Kevin Danaher, *The Year in Ireland* (Cork, 1972), p. 96.

5　Richard Mabey, *Flora Britannica* (London, 1997), p. 209.

6　Kenneth Jackson, ed., *A Celtic Miscellany: Translations from Celtic Literatures* (London, 1971), p. 82.

7　Mac Coitir, *Irish Trees*, p. 24.

8　Danaher, *The Year in Ireland*, p. 94.

9　James G. Frazer, *The Golden Bough: A Study in Comparative Religion*［邦訳は『金枝篇――呪術と宗教の研究』ジェイムズ・ジョージ・フレイザー著、神成利男訳、石塚正英監修、国書刊行会、2004年。ほか複数の出版社から邦訳あり］, vol. ii (Cambridge, 2012), p. 66.

10　Mac Coitir, *Irish Trees*, p. 24.

11　Frazer, *The Golden Bough*, p. 64.

12　同上.

13　同上.

14　Linda J. Ivanits, *Russian Folk Belief* (New York, 1989), pp. 77–80.

15　Frazer, *The Golden Bough*, pp. 64–5.

16　Evelyn, *Sylva*, p. 33.

17　Ingvar Svanberg et al., 'Uses of Tree Saps in Northern and Eastern Parts of Europe', *Acta Societas Botanicorum Poloniae*, lxxxi (2012), pp. 343–57, p. 348.

18　Roy Vickery, *Oxford Dictionary of Plant-Lore* (Oxford, 1995), p. 32.

19　Nora Papp et al, 'The Uses of *Betula pendula* Roth among the Hungarian Csangos and Szekelys in Transylvania, Romania', *Acta Societas Botanicorum Poloniae*, lxxxiii (2014), pp. 113–22, p. 118.

20　Rural Association Support Programme, 'Traditional Celebrations in Novosej, Shishtavec Commune, on 5th and 6th of May', www.rasp.org.al（2017年1月23

日）.

21 Traian Stoianovich, *Balkan Worlds: The First and Last Europe* (London and New York, 2015), pp. 39–41.

22 同上 , p. 40.

23 W. E. Tate, *The Parish Chest* (Cambridge, 1946), p. 74.

24 Religious Tract Society, *Visitor or Monthly Instructor* (London, 1842), p. 197.

25 Binche Musee International Du Carnival et du Masque, Pedagogical Activities 308.pdf, www.museedumasque.be; Carnaval de Binche, www.carnavaldebinche.be（2017年1月24日にアクセス）.

26 Papp et al., 'The Uses of *Betula pendula*', p. 118.

27 Frazer, *The Golden Bough*, p. 55.

28 George Calder, *Auraicept na n-Éces: The Scholar's Primer* (Dublin, 1995), pp. 273–4.

29 Peter B. Ellis, 'The Fabrication of "Celtic" Astrology', *The Astrological Journal*, xxxix (1997), http://cura.free.fr（2017年1月16日にアクセス）.

30 Douglas F. Hulmes, 'Sacred Trees of Norway and Sweden: A Friluftslivquest', http://norwegianjournaloffriluftsliv.com（2017年1月18日にアクセス）

31 Olga Zyryanova et al., 'White Birch Trees as Resource Species of Russia', *Eurasian Journal of Forest Research*, xiii (2010), p. 25.

32 Gary R. Varner, *The Mythic Forest, the Green Man and the Spirit of Nature* (New York, 2006), p. 57.

33 Andrei Znamenski, *Shamanism in Siberia: Russian Records of Indigenous Spirituality* (Dordrecht, 2003), p. 46.

34 Kevin Turner, *Sky Shamans of Mongolia: Meetings with Remarkable Healers* (Berkeley, CA, 2016), p. 152.

35 Alexander Newby, 'Sushi with a Shaman', www.transformsiberia.wordpress.com（2017年5月14日にアクセス）.

36 Varner, *The Mythic Forest*, p. 57.

37 Arctic Photo, 'Arctic Native Peoples: Yakut', www.arcticphoto.com（2017年1月31日にアクセス）.

38 John L. Peyton, *The Birch: Bright Tree of Life and Legend* (Blacksburg, VA, 1994), p. 33.

39 Glenn H. Shephard Jr, 'Psychoactive Botanicals in Ritual, Religion and Shaman-

ism', in *Ethnopharmacology: Encyclopedia of Life Support Systems* (EOLSS), vol. ii, ed. Elaine Elisabetsky and Nina Elkin (Oxford, 2005).

40 BBC Natural Histories, 'Fly Agaric', www.bbc.co.uk（2017年1月31日にアクセス）.

41 Peyton, *The Birch*, p. 32.

42 Simply Baskets, 'Information About Russian Birch Bark Box Crafts', www.simplybaskets.com（2017年2月14日）.

43 Frances Densmore, *Strength of the Earth: The Classic Guide to Ojibwe Uses of Native Plants* (St Paul, MN, 2005), p. 381.

44 同上 , pp. 381–4.

第5章　森の貴婦人

1 Terry Gifford, *Pastoral* (London, 1999), p. 109.

2 Niall Mac Coitir, *Irish Trees: Myths, Legends and Folklore* (Cork, 2003), p. 26.

3 同上 , p. 24.

4 Nicholas Culpepper, *Culpepper's Complete Herbal* (Manchester, 1826), p. 18

5 Kenneth Jackson, ed., *A Celtic Miscellany* (1971), pp. 83–4.

6 John Beer, *Coleridge's Play of Mind* (Oxford, 2010), p. 94.

7 Stephanie Forward, 'The Romantics', in *Discovering Literature: Romantics and Victorians*, www.bl.uk（2014年5月15日）.

8 Constance Naden, 'Poesy Club', *Mason College Magazine*, 4.5 (October 1886), p. 106.

9 Geoffrey Durrant, *Wordsworth and the Great System: A Study of Wordsworth's Poetic Universe* (Cambridge, 1970), pp. 77–8.

10 Oliver Rackham, *Ancient Woodland: Its History, Vegetation and Uses in England* (London, 1980), p. 311.

11 Jenny McCune and Hew D. V. Prendergast, 'Betula Makes Music in Europe: Three Birch Horns From Kew's Economic Botany Collections', *Economic Botany*, lvi (2002), pp. 303–5, p. 304.

12 Internet Sacred Text Archive, Legends/Sagas, Northern European, Finland, *The Kalevala*, 'Rune xliv. Birth of the Second Harp', www.sacred-texts.com（2017年5月28日にアクセス）.

13 Olga Zyryanova et al., 'White Birch Trees as Resource Species of Russia', *Eurasian*

Journal of Forest Research, xiii (2010), p. 25.
14 M. Pittock, 'Thresholds of Memory: Birch and Hawthorn', *European Romantic Review*, xxvii (2016), pp. 449–58.
15 SparkNotes, 'Frost's Early Poems: "Birches"', www.sparknotes.com（2017年6月1日にアクセス）.
16 Accordeonworld, Russian Songs and Their History, 'Beriozka', http://accordeon-world.weebly.com（2017年6月2日にアクセス）.
17 R. H. Pearce, *Savagism and Civilization: A Study of the Indian and the American Mind* (Berkeley and Los Angeles, CA, 1988), p. 192.
18 Nan Shepherd, *The Living Mountain* (Edinburgh, 2011), pp. xiii.
19 Tate Britain, 'Millais, *The Knight Errant*', www.tate.org.uk（2017年6月12日にアクセス）.
20 Manchester Galleries, Collections, 'Millais, *Winter Fuel*', www.manchesterartgallery.org（2017年6月12日にアクセス）.
21 Van Gogh Museum, *Pollard Birches*, www.vangoghmuseum.nl; *Letters to brother Theo*, www.vangoghletters.org（2017年6月14日にアクセス）.
22 Emillions Art, Master Artists, 'Gustav Klimt', www.emillionsart.com（2016年6月13日にアクセス）.
23 Gustav Klimt: Paintings, Quotes and Biography, *Birch Forest* i, 1902 by Gustav Klimt, www.gustav-klimt.com（2017年6月14日にアクセス）.
24 McMichael, *Painting Canada: Tom Thomson and the Group of Seven*, www.mcmichael.com（2017年6月14日にアクセス）.
25 Tom's Legacy, Charles Hill, www.youtube.com（2017年6月13日にアクセス）.
26 'Chinese Paintings Expected to Set a UK Record', *Blackmore Vale Magazine* (5 May 2017), p. 41.
27 Duke's Auctioneers, 'Chinese Masterworks Surface at Dorset Auction', www.dukes-auctions.com（2017年4月27日）.

第6章　カバノキの未来

1 S. Gauthier et al., 'Boreal Forests Challenged by Global Change', International Institute for Applied Systems Analysis, www.iiasa.ac.at（2015年8月21日）.
2 'Greenpeace calls for urgent global action to save the Great Northern Forest', www.greenpeace.org（2016年12月7日）; Gauthier et al., 'Boreal Forests Challenged'.

3 S. Gauthier et al., 'Boreal Forest Health and Global Change', *Science*, cccxlix (2015), pp. 819–22; Tim Appenzeller, 'The New North: Stoked by Climate Change, Fire and Insects are Remaking the Planet's Vast Boreal Forest', *Science*, cccxlix (2015), pp. 806–9.

4 Gauthier et al., 'Boreal Forest Health', p. 820.

5 Gauthier et al., 'Boreal Forest Challenged'.

6 Tim Appenzeller, 'The New North'.

7 S. A. Katovich et al., USDA *Forest Service, Forest Insect & Disease Leaflet 111, Bronze Birch Borer*, www.fs.usda.gov, 2000.

8 Katovich et al., *Bronze Birch Borer*; Kenneth Ashburner and Hugh A. McAllister, *The Genus Betula: A Taxonomic Revision of Birches* (London, 2013), p. 87.

9 Bronze Birch Borer (*Agrilus anxius*) Forestry Commission, www.forestry. gov.uk/ bronzebirchborer（2018年1月13日）.

10 Ian Johnston, 'Trees Under Threat: The Oak, Beech and Birch Could Be Lost If Britain Does Not Act Quickly', *The Independent* (11 January 2015).

11 S. Cavers, 'Evolution, Ecology and Tree Health: Finding Ways to Prepare Britain's Forests for Future Threats', *Forestry*, lxxxviii (1 January 2015), pp. 1–2.

12 Johnston, 'Trees Under Threat'.

13 Cavers, 'Evolution, Ecology and Tree Health', pp. 1–2.

14 IUCN Red List 2017, www.iucnredlist.org（2017年3月20日にアクセス）.

15 Kenneth Ashburner and Hugh A. McAllister, *The Genus Betula: A Taxonomic Revision of Birches* (London, 2013), p. 137; IUCN Red List 2017（2017年3月20日にアクセス）.

16 Ashburner and McAllister, *The Genus Betula*, pp. 139–40.

17 Rachel Nuwer, 'Saving a Rare Tree Worlds Away', *New York Times*, 26 October 2015.

18 Oliver Rackham, *Ancient Woodland: Its History, Vegetation and Uses in England* (London, 1980), p. 318.

アンナ・ルウィントン（Anna Lewington）
イギリスの民族植物学者・著述家。人間と植物の関係、世界各地の植物利用に焦点をあてた研究と執筆活動を行う。著書に『暮らしを支える植物の事典――衣食住・医薬からバイオまで』（光岡祐彦他訳、八坂書房）、『Ancient Trees: Trees that live for a Thousand Years（古木：1000年生きる木）』（2012年）がある。BBCテレビの番組「Rough Science」シリーズに参画。ドーセット在住。

野村真依子（のむら・まいこ）
英語・フランス語翻訳者。東京大学大学院人文社会系研究科修士課程修了（美術史学専攻）。訳書に『アートからたどる 悪魔学歴史大全』（共訳、原書房）、『いまがわかる！　世界なるほど大百科』（共訳、河出書房新社）がある。

Birch by Anna Lewington
was first published by Reaktion Books, London, UK, 2018, in the Botanical series.
Copyright © Anna Lewington 2018
Japanese translation rights arranged with Reaktion Books Ltd., London
through Tuttle-Mori Agency, Inc., Tokyo

花《はな》と木《き》の図書館《としよかん》

カバノキの文化誌《ぶんかし》

●

2022年6月26日　第1刷

著者……………アンナ・ルウィントン

訳者……………野村真依子《のむらまいこ》

装幀……………和田悠里

発行者……………成瀬雅人

発行所……………株式会社原書房

〒160-0022 東京都新宿区新宿 1-25-13

電話・代表 03(3354)0685

振替・00150-6-151594

http://www.harashobo.co.jp

印刷……………新灯印刷株式会社

製本……………東京美術紙工協業組合

© 2022 Maiko Nomura

ISBN 978-4-562-07168-5, Printed in Japan